essentials

essentials liefern aktuelles Wissen in konzentrierter Form. Die Essenz dessen, worauf es als „State-of-the-Art" in der gegenwärtigen Fachdiskussion oder in der Praxis ankommt. *essentials* informieren schnell, unkompliziert und verständlich

- als Einführung in ein aktuelles Thema aus Ihrem Fachgebiet
- als Einstieg in ein für Sie noch unbekanntes Themenfeld
- als Einblick, um zum Thema mitreden zu können

Die Bücher in elektronischer und gedruckter Form bringen das Fachwissen von Springerautor*innen kompakt zur Darstellung. Sie sind besonders für die Nutzung als eBook auf Tablet-PCs, eBook-Readern und Smartphones geeignet. *essentials* sind Wissensbausteine aus den Wirtschafts-, Sozial- und Geisteswissenschaften, aus Technik und Naturwissenschaften sowie aus Medizin, Psychologie und Gesundheitsberufen. Von renommierten Autor*innen aller Springer-Verlagsmarken.

Weitere Bände in der Reihe http://www.springer.com/series/13088

Tim Billion-Kramer

Nature of Science

Lernen über das Wesen der Naturwissenschaften

Tim Billion-Kramer
Institut für Sachunterricht/Fach Chemie
Pädagogische Hochschule Heidelberg
Heidelberg, Deutschland

ISSN 2197-6708 ISSN 2197-6716 (electronic)
essentials
ISBN 978-3-658-33396-6 ISBN 978-3-658-33397-3 (eBook)
https://doi.org/10.1007/978-3-658-33397-3

Die Deutsche Nationalbibliothek verzeichnet diese Publikation in der Deutschen Nationalbibliografie; detaillierte bibliografische Daten sind im Internet über http://dnb.d-nb.de abrufbar.

Planung/Lektorat: Stefanie Laux
Springer VS ist ein Imprint der eingetragenen Gesellschaft Springer Fachmedien Wiesbaden GmbH und ist ein Teil von Springer Nature.
Die Anschrift der Gesellschaft ist: Abraham-Lincoln-Str. 46, 65189 Wiesbaden, Germany

Was Sie in diesem *essential* finden können

- Begründungen für das Lernen über ein angemessenes Naturwissenschaftsverständnis
- *Nature of Science* als Minimalkonsens-Konzept und alternative Vorschläge
- Ergebnisse empirischer Forschung zu *Nature of Science*
- Praxisbeispiele zu *Nature of Science*
- Hinweise für vertiefende Literatur zu *Nature of Science*

Inhaltsverzeichnis

Einleitung

1

Ausgehend von klassischen Mythen über naturwissenschaftliche Erkenntnis diskutiert diese Einleitung die Bedeutung von einem angemessenen Wissenschaftsverständnis für Mitglieder naturwissenschaftlich-technisch geprägter Gesellschaften.

Wenn Sie an Forschende bei ihrer Arbeit denken: Was für Bilder entstehen in Ihrem Kopf? Denken Sie – zumindest im ersten Moment – an Männer mit Brille und wilden Frisuren, die in weißen Kitteln und imposanten Laboren mit bunt gefüllten Erlenmeyerkolben Cocktails mixen? Verwundern würde es nicht. Literatur, Kultur- und Unterhaltungsindustrie liefern hier zahlreiche Vorlagen, die unser Bild von Wissenschaft und Forschenden offenbar prägen (Allchin 2013b). In der Muppetsshow testet der leitende Wissenschaftler des Muppetlabors, *Dr. Bunsen Honeydew,* planlos und im Laborkittel neue Kreationen an seinem Assistenten Beaker (engl. für Becherglas). Kinder im Vorschulalter lernen in Tomi Ungerers „Mondmann" den Wissenschaftler *Bunsen von der Dunkel* kennen: Vergessen und isoliert von der Welt liegt dieser jahrelang im mit Rosen bewachsenen Elfenbein- bzw. Betonturm im Dornröschenschlaf, bis ihn ein wild agierender Diktator für sein Raketenbauprogramm aufweckt und rekrutiert. Typischer Vertreter des Popkultur-Wissenschaftlers ist auch Dr. Emmett Brown, der in *Zurück in die Zukunft* das Zeitreisen entdeckt. Sein Erkenntnisprozess: Er versucht über seiner Toilette eine Uhr aufzuhängen, stürzt und verliert das Bewusstsein. Wieder bei Sinnen sieht er weiße Mäuse und die Konstruktionsskizze des Fluxkompensators, „der Reisen durch die Zeit erst möglich macht". Die Energie liefert ein Kernreaktor, betrieben mit Plutonium, das sich Brown von libyschen Terroristen ergaunert.

Der weltfremde und sozial isolierte Mad-Scientist mit seinen Macken und konfusen Gedanken scheint bereits für Kinder im Vorschulalter eine Ideal-

T. Billion-Kramer, *Nature of Science,* essentials,
https://doi.org/10.1007/978-3-658-33397-3_1

besetzung für mitreißende Plots zu sein. Begriffe wie Fluxkompensator wurden Teil der Popkultur (z. B. Böttcher 2018). Die Annahme liegt nahe, dass ein solches Wissenschaftsbild zur Entwicklung von Stereotypen und Mythen über Forschung und Forschende beiträgt (Allchin 2013b). Schon klar: Viele solcher Darstellungen sind Karikaturen. Außerdem sind Details nicht per se falsch: Wissenschaft wird von der Politik instrumentalisiert – und dies auch sinnvoll bzw. in gesellschaftlichem Interesse. Nicht anders als in der Muppetshow entsprach es bis in die 1960er Jahre der üblichen Praxis, dass Forschende neu synthetisierte (Wirk-)Stoffe zunächst an sich selbst oder beispielsweise ihrer Ehepartnerin testeten. Prominentes Beispiel gibt der heute meistverordnete Wirkstoff bei Diagnosen zu ADHS, Methylphenidat, vermarktet als Ritalin und benannt nach Marguerite (Rita) Panizzon. Ihr Gatte synthetisierte den Wirkstoff als Chemiker bei einem Pharmaunternehmen und Rita profitierte nach dem Test beim Tennisspielen (Bühring 2017; Rothenberger und Neumärker 2005). In der Anekdote klingt bereits die Bedeutung des sozialen Umfelds für Erkenntnisprozesse an. Außerdem wird auch hier ein Hinweis auf die gesellschaftliche Einbettung von wissenschaftlicher Erkenntnis gegeben, vertreten durch ein Pharmaunternehmen als Financier der Forschung. Neben finanzieller Unterstützung spielen beim Erkenntnisprozess insbesondere „Denkkollektive" (Fleck 2017/1935) eine zentrale Rolle: *Scientific Communities* mit ihrer gemeinsamen Sprache und ihrem Diskurs, wie bahnbrechende Werke der Wissenschaftsgeschichte, -soziologie und -theorie des 20. Jahrhunderts demonstrieren und analysieren (Fleck 2017/1935; Kuhn 2017/1962; Latour 1987). Forschung und wissenschaftlicher Fortschritt wird somit nicht von sozial isolierten Einzelpersonen vorangetrieben und geprägt. Eine soziale und kulturelle Einbettung, ein kollektives Denken mit einer eigenen Sprache und Methodenlehre erschafft Theorien, die Natur rekonstruieren. Es gilt somit zu verstehen, dass wissenschaftliche Theorien Produkt menschlicher Denkkollektive und kein Abbild der Natur sind. In der Schule unterrichtete naturwissenschaftliche Theorien sind zwar häufig robust, aber nicht endgültig beweisbar. Daraus darf jedoch keineswegs abgeleitet werden, dass empirisch gewonnene Fakten oder Erkenntnisse beliebig seien oder nur die Meinung vereinzelter Forschenden bzw. Arbeits- oder Interessengruppen darstellen. Auch hier spielt die soziale Eingebundenheit eine entscheidende Rolle: Forschende handeln miteinander aus, was sie als belastbare Erkenntnis erachten. Das soziale Unterfangen Naturwissenschaft ist geprägt von Skepsis, Vertrauen, gegenseitiger Kontrolle, Inspiration, Diskussion und Rhetorik:

> Die Herrschaften im Laborkittel verfügen übrigens über einen immensen Wortschatz, mit dem sie das gute und das schlechte Experiment, den guten und den

schlechten Kollegen fein säuberlich unterscheiden, und sie wissen, was an einer Aussage […] „fruchtbar", „elegant", „clever", „gewinnbringend" oder was (eine Wendung die ich wunderbar finde) „an sich nicht falsch ist". (Latour 2016, S. 119)

Dieser Diskurs basiert zwar häufig auf einem Konsens über robuste Fakten, aber gerade nicht auf letzten Gewissheiten: Das eigene Wissen und die Wissensmethoden werden von der *Scientific Community* permanent überprüft (dazu ausführlicher in Kap. 2).

Entgegen dieser sozialen Interaktion in naturwissenschaftlichen Erkenntnisprozessen, prägen die eingangs dargestellten sozial isolierten Genies das Bild naturwissenschaftlicher Erkenntnis in der Popkultur. Das Revidieren solcher Vorstellungen ist mühsam; zumal im Fall von weltfremden Wissenschaftlerstereotypen gerade Einstein prominentes Vorbild geben mag. Peter Galison (2003; vgl. Latour 2016) rekonstruiert in seinen Studien allerdings ein anderes Einstein-Bild: Galison analysiert Einsteins jahrelange Tätigkeit im Berner Patentamt und demonstriert, wie fruchtbar diese Arbeit für Einsteins Denkprozesse, insbesondere zur Relativitätstheorie war. Stets bewertete Einstein dort unzählige neue und schutzwürdige Patente, und zwar zu Fragen der Relation oder der Gleichzeitigkeit von Ereignissen in Bezug auf Maschinen, die Uhren eichen, synchronisieren und standardisieren. Einstein stellte sich einem Diskurs mit dem Denken von Erfindern bzw. Ingenieuren. In diese Zeit fallen seine Veröffentlichungen von Ideen, die inzwischen als spezielle Relativitätstheorie bezeichnet werden.

Kurz gesagt: Naturwissenschaften sind soziale Konstrukte und soziale Praxis. Diese und damit verbundene Möglichkeiten und historische Errungenschaften sollten Lernende verstehen. In diesem Sinne wird ein angemessenes Wissenschaftsverständnis in der Naturwissenschaftsdidaktik als *Nature of Science* (NOS) diskutiert und gelehrt (Gebhard et al. 2017). Wichtige Grundlage von NOS-Konzeptionen bilden Aspekte der Wissenschaftsphilosophie, -historie und -soziologie, z. B. im Sinne von Popper (2002/1934), Kuhn (2017/1962), Latour (1987) oder Feyerabend (1987/1975), die insbesondere in Kap. 2 dargestellt werden. Gerade weil moderne Gesellschaftsformen durch Naturwissenschaft und damit verbundene technische Entwicklungen geprägt sind, wird ein angemessenes Wissenschaftsverständnis auch als wichtiger Teil von Allgemeinbildung begründet und als Voraussetzung gesellschaftlicher Teilhabe angesehen (Bromme und Kienhues 2008; Klafki 2007; McComas und Olson 1998). Denn nicht nur in der *Scientific Community,* auch in der mündigen Öffentlichkeit ist ein Verständnis des wissenschaftlichen Erkenntnisprozesses notwendig, schließlich:

Keine noch so gesicherte Erkenntnis steht für sich selbst. Tatsachen bleiben
nur so lange unzweifelhaft, wie es eine gemeinsame Kultur gibt, die sie stützt,
Institutionen, auf die sich bauen lässt, wie es eine einigermaßen anständige
Öffentlichkeit, halbwegs vertrauenswürdige Medien gibt. (Latour 2018)

Insbesondere in unsicheren Zeiten *(Stichwort: Covid-19)* kommt es schließlich
auch in Teilen moderner Gesellschaften zur Sehnsucht nach einfachen Wahrheiten, simplen Erzählungen vom Guten und Bösen bis hin zu Verschwörungstheorien, die einigen Menschen offenbar mentale Sicherheit geben. Diese
Sicherheit bietet der wissenschaftliche Diskurs insbesondere zu Beginn nicht:
Mögliche Hypothesen werden zunächst ausgetestet und es mag der Eindruck
eines heillosen Chaos entstehen. So beginnen einige Menschen damit, sämtliche
Fakten infrage zu stellen. Um solchen Entwicklungen entgegenzuwirken ist ein
angemessenes Verständnis wissenschaftlicher Praxis nötig, um diese würdigen
zu können, aber nicht als über alles erhabene Autorität zu deuten, von ihr nicht
endgültige und schnelle Klärungen zu erwarten, um so letztendlich enttäuscht zu
werden (vgl. Daston in: Piorkowski 2020).

Zugleich warnt Latour (2018) davor, in Bezug auf Zweifel an wissenschaftlichen Erkenntnisprozessen in Teilen der Gesellschaft, der Idee zu verfallen,

das gemeine Volk sei Anhänger „alternativer Fakten" geworden und habe dabei jede
Form von Rationalität vergessen. […] Wir stoßen hier auf den gewohnten Fehler der
Epistemologie, nämlich dass etwas intellektuellen Defiziten zugeschrieben wird,
was in Wahrheit einem Defizit an gemeinsamer Praxis geschuldet ist.

Ganz ähnlich warnt Gervé (2021, S. 51) vor defizitorientierten Grundhaltungen in
Bezug auf schulische Lernprozesse:

Vorstellungen, man müsse den Kindern Wissen über die Welt „beibringen" oder
„Fehlkonzepte" berichtigen, sind ebenso wenig zielführend wie die Vorstellung,
im Sachunterricht ginge es um das reine Abbilden einer vermeintlich heilen
(Kinder-)Welt. Tiefenstrukturen erreichen wir durch eine fragende, nicht durch eine
belehrende Grundhaltung den Kindern gegenüber.

Für Verstehensprozesse zum Wesen der Naturwissenschaft ist das Aufgreifen vom
Mythen oder Präkonzepten sicher sinnvoll, die Diagnosen von Gervé und Latour
können allerdings als Impuls gedeutet werden, das Wesen der Naturwissenschaft nicht nur als Inhalt zu lehren, sondern auch als gemeinsame Praxis einer
lernenden Gemeinschaft zu inszenieren; Beispiele dazu werden in Kap. 3 und
5 gegeben. Mit der Bedeutung der von Latour oben angesprochenen „halbwegs

vertrauenswürdigen" Medien für das Verständnis wissenschaftlicher Erkenntnisprozesse setzen sich zudem Höttecke und Allchin (2020) auseinander; mehr dazu
in Kap. 3.

Trotz der grundlegenden gesellschaftlichen Bedeutung für ein Verständnis
naturwissenschaftlicher Erkenntnisprozesse, fallen empirische Untersuchungen
zum Erfolg des Lernens über das Wesen der Naturwissenschaften ernüchternd
aus: Insbesondere zur kulturellen Einbettung und sozialen Praxis naturwissenschaftlicher Erkenntnisgewinnung erfahren Lernende im Unterricht und ihre
Lehrenden in der Lehrerbildung wenig (vgl. Kap. 4). So wird Naturwissenschaft
häufig als „Ready-made Science" (Latour 1987), als fertiger und abgeschlossener
Inhalt, und nicht forschende Auseinandersetzung einer lernenden Gemeinschaft,
einer *Community* gelehrt bzw. inszeniert.

So kann Naturwissenschaftsunterricht selbst – und zwar ganz unbewusst –
dazu beitragen, ein unangemessenes Bild der Naturwissenschaften zu vermitteln:
Wenn sich stets Erklärungen und Experimente widerspruchslos ineinanderfügen,
stets eindeutig sind oder sich Modelle und Erklärungen mehr oder weniger linear
aus Experimenten ergeben. Wenn das Unterrichtsgeschehen dem Wesen naturwissenschaftlicher Erkenntnis also widerspricht (vgl. Gebhard et al. 2017). Wird
wissenschaftliche Erkenntnis zudem unreflektiert in Unterricht und Werbung als
Autorität dargestellt und werden naturwissenschaftliche Aushandlungsprozesse
zudem in eingangs erwähnten Plots der Popkultur ignoriert: Wie soll sich ein
angemessenes Verständnis für naturwissenschaftliche Erkenntnisprozesse entwickeln?

Kurzum: Lernen über NOS bzw. das Wesen der Naturwissenschaften ist
wichtig. Zum Lernen über NOS bietet dieses *essential* einen ersten Überblick: In
Kap. 2 werden Versuche und Ergebnisse dargestellt, ein angemessenes Wissenschaftsverständnis für den Unterricht zu konzeptualisieren. Kap. 3 diskutiert
alternative Ansätze dazu. In Kap. 4 werden empirische Ergebnisse zu NOS-
Vorstellungen von Lernenden und Lehrenden sowie erfolgreiche Bedingungen
zum Lernen über NOS berichtet. Abschließend gibt Kap. 5 erste Unterrichtsideen. Zur jeweiligen Vertiefung werden zahlreiche Hinweise für weiterführende
Literatur gegeben. An einigen Stellen kann dieses *essential* aber auch als Beitrag
zu einem hoffentlich weiterhin lebhaften, Praxis und Forschung anregenden Diskurs über das Lernen zu NOS verstanden werden. Sie wissen ja: Wissenschaftliche Erkenntnis sowie Denkprozesse von Forschenden entwickeln sich weiter,
auch meine.

Der Minimalkonsens – *Nature of Science* klassisch

2

In diesem Kapitel werden klassische Versuche und Ergebnisse dargestellt, ein angemessenes Wissenschaftsverständnis für Lernprozesse vom Kindergarten bis zum Abitur zu konzeptualisieren.

Grundsätzliche Schwierigkeit bei der Konzeptualisierung von *Nature of Science* (NOS) für den Unterricht besteht zunächst in einem mangelnden Konsens über das Wesen der Naturwissenschaft (Dagher und Erduran 2016; Gebhard et al. 2017; Osborne et al. 2003).

Nach Dittmer (2018, S. 51) ist

> eine eindeutige Bestimmung dessen, was *das* Wesen der Naturwissenschaften ist, angesichts der Komplexität des Phänomens „Naturwissenschaft" und der Heterogenität wissenschaftstheoretischer, -soziologischer oder -historischer Diskurse, nicht angemessen.

Um Kindern und Jugendlichen das Konstrukt NOS dennoch zugänglich zu machen, wurde international in verschiedenen Vorhaben versucht, NOS für schulische und vorschulische Bildungsprozesse durch einen Minimalkonsens zu explizieren. So entwickelten Osborne et al. (2003) eine Delphistudie und befragten interdisziplinär 23 Expertinnen und Experten aus Naturwissenschaft, Fachdidaktik, Philosophie, Wissenschaftssoziologie und Unterricht. Gefragt wurde nach sinnvollen Unterrichtsinhalten zu 1) naturwissenschaftlichen Methoden, 2) Eigenschaften naturwissenschaftlichen Wissens, 3) sozial-institutionellen Aspekten der Naturwissenschaften. Die Ergebnisse der Delphistudie belegen das zitierte Problem einer angemessenen Bestimmung des Wesens der Naturwissenschaften. Gleichwohl scheinen einzelne Aspekte weitgehend konsensfähig zu sein, sodass Osborne et al. einzelne Facetten

© Der/die Autor(en), exklusiv lizenziert durch Springer Fachmedien Wiesbaden GmbH, ein Teil von Springer Nature 2021
T. Billion-Kramer, *Nature of Science, essentials*,
https://doi.org/10.1007/978-3-658-33397-3_2

zum Wesen der Naturwissenschaften explizieren, die zumindest als Minimal-konsens akzeptiert werden können. Um die Grenzen und das Problem der eindeutigen Bestimmung von Naturwissenschaften zu verdeutlichen, bezeichnet die Autorengruppe ihre eigene Zusammenstellung als Vereinfachung bzw. Vulgärdarstellung („vulgarized […] accounts" Osborne et al. 2003, S. 697). McComas und Olson (1998) kamen in einem vorausgegangenen Vorhaben durch eine Analyse englischsprachiger Bildungsstandards und Curricula zu NOS-Aspekten auf einen ähnlichen Kanon. In einem dritten Ansatz schlägt Lederman (2007) sieben NOS-Aspekte in Hinblick auf drei Fragestellungen vor: Ob 1) der NOS-Aspekt für Schülerinnen und Schüler zugänglich bzw. allgemein verständlich ist, ob 2) genereller Konsens über den NOS-Aspekt besteht und ob 3) das Verständnis des NOS-Aspekts zur gesellschaftlichen Teilhabe von Bürgerinnen und Bürgern beitrage. Grundsätzlich wird NOS in diesen Konsensansätzen von den jeweiligen Autoren und Autorinnen als ganzheitliches Konstrukt verstanden und nicht als Sammlung isolierbarer Facetten (vgl. z. B. Schwartz und Lederman 2008). Synopsen der NOS-Facetten aus den skizzierten Untersuchungen haben z. B. Neumann und Kremer (2013) zusammengestellt. Sie zeigen deutliche Übereinstimmungen zwischen den verschiedenen Ansätzen. Im Folgenden werden sieben Facetten skizziert, die den Kern von Minimalkonsens-Konzeptualisierungen bilden.

Empirie und Imagination

Gegenstand der Naturwissenschaften ist die Erklärung natürlicher Phänomene. Dabei bilden die Naturwissenschaften die materielle (oder natürliche) Welt nicht ab, zumindest nicht im Sinne einer Kopie oder eines Fotos, sondern entwerfen eigene Theorien und Modelle, die sich in der Empirie, also Untersuchung der materiellen Welt bewähren müssen. Forschende haben allerdings zu einem Großteil der Naturphänomene keinen direkten Zugang, so sind ihre Beobachtungen durch Instrumente sowie zugrundeliegenden Theorien und Annahmen gefiltert (Lederman et al. 2002). Zentrale Konstrukte wie Moleküle oder Atome, mit denen beispielsweise die Chemie Phänomene erklärt, werden sich nie durch ein Mikroskop real beobachten oder vergrößern lassen. Und so bilden auch moderne Rastertunnelmikroskope atomare Berg- und Tallandschaften (Topographien) nicht photorealistisch ab, sondern berechnen ihre Bilder auf Basis gewonnener Daten, die durch die Rasterung einer Probenoberfläche gewonnen werden. Dazu misst eine Nadel nach Anlegen einer Spannung, wie viele Elektronen einer bestimmten Energie aufzufinden sind. Konstrukte moderner Naturwissenschaften stellen kein visuell oder taktil greifbares Abbild der Natur dar. Mit Atomen und Atommodellen wird naturwissenschaftlich keine makroskopische Theorie entworfen, die etwas im Sinne eines „picture" (oder Foto) veranschaulichen möchte, wohl aber eine Erklärung im Sinne eines „image" bzw. Gemäldes (vgl. Rehm 2009; Fischer 2019).

Auch die Natur des Lebendigen wird in heutiger Forschung in digital erzeugten „Bildern dargestellt – in Form von zahlenförmigen Codierungen, Molekularmodellen oder Messwerten" (Nassehi 2019, S. 78) beispielsweise der Molekularbiologie und Genetik. Dennoch haftet zumindest der Schulbiologie gelegentlich das „Image einer anschaulichen Disziplin mit einem unmittelbaren Zugang zu biologischen Phänomenen" (Dittmer 2016, S. 95) an. Doch auch anschauliche Konzepte sind imaginiert. Seit Jahrhunderten diskutieren Autoritäten der Biologie erstens darüber, ob es „Arten" von Lebewesen in der Natur überhaupt gibt (oder eine solche Systematisierung immer künstlich ist) und zweitens nach welchen Kriterien Lebewesen zu einer Art zusammengefasst und systematisiert werden können (Sterelny und Griffiths 1999). Für Lamarck (1809) forme die Natur nur Individuen („seulement des individus", 21), dagegen seien Klassen, Ordnungen Familien, Gattungen und Arten Produkt menschlicher Vorstellungskraft. Kriterien für die Gruppierung von Individuen zu einer Art können beispielsweise in der Morphologie oder dem Verhalten liegen. Das sogenannte „biologische Artkonzept" und verschiedene Weiterentwicklungen versuchen insbesondere durch die Fortpflanzungsfähigkeit eine Art zu definieren, weshalb einige ihrer Vertreter wie Mayr (1996) entschieden und in Abgrenzung z. B. zu Lamarck dafür eintreten, dass diesem Artkonzept eine reale Entsprechung in der Natur gegenübersteht. Aber auch dieses Kriterium und damit verbundene Probleme werden kontrovers diskutiert (Sterelny und Griffiths 1999). Grundsätzlich ist die Idee, Lebewesen in Arten zu klassifizieren und nach geeigneten Kriterien zu suchen ein menschliches Unterfangen, letztlich sind alle Artkonzepte menschliche Imaginationen, mit dem Ziel, der natürlichen Welt möglichst nahe zu kommen. Diese Annäherung wird nach Linné „aber ultimatives Desiderat botanischer Forschung bleiben" (Wildhirt 2007, S. 72). Gültige Kriterien um Lebewesen zu klassifizieren, können somit auch ganz andere sein: Foucault (1974, S. 17) eröffnet seine *Ordnung der Dinge* mit dem Verweis auf eine chinesische Enzyklopädie in der „Tiere sich wie folgt gruppieren: a) Tiere, die dem Kaiser gehören, b) einbalsamierte Tiere, c) gezähmte, d) Milchschweine, e) Sirenen" usw.

Dennoch: Wenn Naturwissenschaften die materielle Welt imaginieren, sind der Phantasie strenge Grenzen gesetzt. Theorien und Modelle müssen sich empirisch bewähren können, also der Beobachtung und Prüfung an der materiellen Welt standhalten (Popper 2002/1934), sie bleiben aber stets Imagination:

Es gibt keine Ausflucht: Einen Gegenstand zu verstehen bedeutet, ihn zu verändern,
ihn aus einer natürlichen Umgebung herauszuheben und in ein Modell, eine Theorie
oder deren poetische Interpretation einzubauen. (Feyerabend 2002, S. 204)

So wird naturwissenschaftliche Erkenntnis durch ein Zusammenspiel von
Beobachtungen der natürlichen Welt und menschlicher Vorstellungskraft
generiert.

Methodenvielfalt

In den Naturwissenschaften stellt die eine und zentrale wissenschaftliche
Methode einen Mythos dar, der moderner Forschungspraxis nicht entspricht
(Lederman et al. 2002; Feyerabend 1987/1975). Der Mythos, Forschung folge
stets derselben Schrittfolge, mag auf Francis Bacon (2019/1620) zurückgehen.
In seinem *Novum Organum* schlug er die induktive Methode vor, die sicheres
Wissen garantiere. Später erklärte die Schule des Kritischen Rationalismus (z. B.
Popper 2002/1934), mit der deduktiven Methode das sinnvolle Vorgehen natur-
wissenschaftlicher Theoriebildung gefunden zu haben. Um diese Vorgehensweise
vorzustellen, lud Carl Friedrich von Weizsäcker den damals noch jungen Popper-
Schüler Paul Feyerabend zu einem Vortrag ein. Nachdem Feyerabend die von ihm
und Popper so sorgsam konstruierten Gedankengebäude vorgestellt hatte, gab von
Weizsäcker einen Überblick über die Entstehung der Quantentheorie, die sich
mit dem strengen deduktiven Regelwerk Poppers so nicht entwickelt hätte. Für
Feyerabend ein Schlüsselerlebnis, das letztendlich zu seinem Essay „Wider den
Methodenzwang" (1987/1975; vgl. Feyerabend 2002) führte, in welchem er mit
zahlreichen Beispielen illustriert und argumentiert, dass wissenschaftlicher Fortschritt häufig Ergebnis von Regelverletzung und Traditionsbruch sei. Mit diesem
Essay ist der Slogen „anything goes" bekannt geworden. „Anything goes" ist
allerdings weniger Feyerabends wissenschaftsmethodische Position, als vielmehr
eine ironisch gemeinte Diskussionsvorlage an seinen Freund Imre Lakatos, der
Poppers Wissenschaftstheorie weiterentwickelte (vgl. Feyerabend 1987/1975).
Feyerabend denkt keineswegs, dass Forschende wissenschaftliche Standards und
klassische Vorgehensweisen grundsätzlich ignorieren können oder sollten:

anything goes ist nicht *mein* Grundsatz – ich glaube nicht, daß man „Grundsätze"
unabhängig von konkreten Forschungsproblemen aufstellen und diskutieren kann,
und solche Grundsätze ändern sich von einem Fall zum anderen (Feyerabend
1987/1975, S. 11; Hervorhebungen im Original)

Somit meint Feyerabend vielmehr, dass sich für Forschungsvorhaben keine permanente oder zeitlos gültige Methode manifestieren lasse, sondern die jeweilige Methode ein für das jeweilige Vorhaben als angemessen betrachtetes oder durch Zufälle bedingtes Vorgehen sei. Darin liegt eine besondere Stärke eines Methodenpluralismus: Unterschiedliche Methoden können in Konkurrenz zueinander und in einen sich gegenseitig befruchtenden Diskurs treten. Dabei ist unbestritten, dass Forschende auch ganz klassisch beobachten, vergleichen, messen, Hypothesen bilden und Forschungsdesigns und -instrumente entwickeln. Aber selbst innerhalb derselben wissenschaftlichen Schulen variieren Vorgehensweisen und Methoden (Feyerabend 1987/1975). Unterschiedliche Paradigmen sind dabei nicht (!) im Sinne von Kuhns These „inkommensurabel" (2017/1962), also einander durch Revolutionen ablösend und ausschließend. Zwischen unterschiedlichen Paradigmen bestehen durchaus Überschneidungen (König und Zedler 1998).

Naturwissenschaftliche Gesetze und Theorien
Ein klassisches Missverständnis wissenschaftlicher Erkenntnisgewinnung ist die Vorstellung, Theorien und Gesetze stünden in einem hierarchischen Zusammenhang, dass also Theorien nach ausreichenden Belegen zu Gesetzen aufsteigen (Lederman 2007). Theorien und Gesetze stellen vielmehr unterschiedliche Arten wissenschaftlichen Wissens dar. Dabei manifestieren Gesetze keine absoluten oder endgültigen Wahrheiten, sondern dienen meist der formelhaften Zusammenfassung empirisch gewonnener und replizierbarer Daten, Gesetze beschreiben somit eher eine Gesetzmäßigkeit (Marniok und Reiners 2016) und sind schon durch Messungenauigkeiten und andere Störungen (auch) eine idealisierte Realität.

Theorien stellen dagegen vom Wesen eine grundlegend andere Art wissenschaftlichen Wissens dar. Sie schlussfolgern und versuchen ein Phänomen zu erklären und keine Gesetzmäßigkeit zu beschreiben. Unglücklicherweise wird das hier skizzierte Missverständnis auch in aktuellen Schulbüchern verbreitet (Marniok und Reiners 2016; siehe Kap. 4).

Vorläufigkeit
Naturwissenschaftliche Erkenntnis ist per se vorläufig. Die Naturwissenschaften folgen Popper (2002/1934) darin, dass ihre Erkenntnisse keinem ewigen Gültigkeitsanspruch unterliegen, sondern sich durch neue und bessere Hypothesen und Theorien der „Wahrheit" nähern bzw. diese in neuem Licht erklären. Wissenschaftliche Theorien, Gesetze und evidenzbasierte „Fakten" stellen den jeweiligen Stand der Forschung dar. Wissenschaftlicher Fortschritt zeigt sich aber

auch in Erkenntnissen, die durch technologische Entwicklungen und damit verbundene neue Instrumente möglich wurden. Bisherige Evidenz wird vor diesem Hintergrund neu interpretiert (Lederman 2007). Die Entwicklung naturwissenschaftlichen Wissens vollzieht sich sowohl evolutionär durch eine lineare Weiterentwicklung als auch revolutionär, durch neue „Denkstile" (Fleck 2017/1935) bzw. Paradigmenwechsel (Kuhn 2017/1962).

Soziale und kulturelle Einbettung
Naturwissenschaft ist soziokulturell eingebettet. So haben Forschende neben Erkenntnis weitere Interessen, die in engem Zusammenhang mit ihrer Forschung oder ihrem sozialen Umfeld stehen (siehe Kap. 1). Forschung wird zudem nicht von Popkultur-Stereotypen sozial isolierter Mad-Scientists vorangetrieben, sondern ist durch soziale Strukturen geprägt, in denen Forschende nicht isoliert und allein arbeiten, sondern sich auch in hohem Maße kontrollieren und inspirieren. Gerade für die gesellschaftliche Akzeptanz wissenschaftlicher Erkenntnis, ist ein Verständnis solcher Kontrollmechanismen bedeutsam; z. B. die Kenntnis anonymisierter Peer-Review-Verfahren oder der externen Begutachtung von Forschungsanträgen (vgl. Höttecke und Allchin 2020). So ist Wissenschaft grundsätzlich kein Unterfangen außerhalb von Kultur und sozialen Netzen, sondern Teil davon und in hohem Maße von sozialer Interaktion geprägt (vgl. z. B. Feyerabend 1987/1975; Fleck 2017/1935; Habermas 2001/1968; Kuhn 2017/1962).

Differenzierung zwischen Beobachtung und Schlussfolgerung
Im wissenschaftlichen Erkenntnisprozess wird streng differenziert zwischen Beobachtungen einerseits sowie Erklärungen und Schlussfolgerungen andererseits. Beobachtungen stellen Beschreibungen natürlicher Phänomene dar, die durch menschliche Sinneswahrnehmung oder technische Möglichkeiten zugänglich und intersubjektiv nachvollziehbar sind, beispielsweise das Fallen von Gegenständen in Richtung Erde. Im Gegensatz dazu sind Schlussfolgerungen den menschlichen Sinnen nicht „direkt" zugänglich. Dass Gegenstände aufgrund von Gravitation zu Boden fallen, beruht auf Annahmen, nicht auf sinnlich wahrnehmbarer Beobachtung (Lederman et al. 2013). Unbestritten ist dagegen, dass auch Beobachtungen subjektive Anteile zugrunde liegen, bedingt z. B. durch das Vorwissen der beteiligten Forschenden oder durch die Konzeption des Beobachtungsdesigns.

Subjektivität wissenschaftlicher Erkenntnis
Grundsätzlich haben Naturwissenschaften den Anspruch, Erkenntniswege so nachvollziehbar wie möglich darzustellen („Verfahrensobjektivität"). Dennoch sind Naturwissenschaften nicht objektiv. Forschende lassen sich von subjektiven und kollektiven Grundannahmen, Theorien, Überzeugungen und Konzepten leiten. Sie und ihre Arbeitsgruppe oder Community verfügen über jeweils subjektives Vorwissen, Erfahrung, Erwartungen, Interessen und sprachliche Konstruktionen. All diese Faktoren beeinflussen ihre Denkweise und ihre Forschungsdesigns. Fragen, was untersucht wird, was nicht, oder ob sich eine Neuinterpretation der Ergebnisse lohnt, werden immer auch subjektiv beantwortet. Beobachtungen werden durch Erkenntnisinteressen oder Probleme der Forschenden motiviert, gelenkt und aus bestimmten theoretischen Perspektiven abgeleitet, denen Bedeutung geschenkt wird (Feyerabend 1987/1975; Fleck 2017/1935; Lederman 2007).

Die vorgestellten Aspekte bilden den Kern von Minimalkonsens-Konzeptionen von *Nature of Science*. Im folgenden Kapitel werden Alternativansätze zu einem solchen Minimalkonsens vorgestellt, dabei kommen auch Stärken und Schwächen des Minimalkonsens-Ansatz zur Sprache.

Alternative Nature of Science-Ansätze

Dieses Kapitel diskutiert alternative Konzeptualisierungen von NOS, da in der Naturwissenschaftsdidaktik inzwischen Kritik am Minimalkonsensansatz geäußert wird, insbesondere bilde dieser die kulturelle Dynamik naturwissenschaftlicher Erkenntnis nur unzureichend ab(Dagher und Erduran 2016). Bereits die Bezeichnung „Nature of Science" lege die Fehlvorstellung von Naturwissenschaft als „natürlichem" (und damit von gesellschaftlichen Einflüssen und Abhängigkeiten isoliertes) Unterfangen nahe (Matthews 2012). Der Definitionsproblematik des Wesens der Naturwissenschaft widmen sich insbesondere Irzik und Nola (2011) mit einem Family Resemblance Approach.

3.1 Das Wesen der Naturwissenschaft durch Familienähnlichkeit beschreiben

Mit einem Family Resemblance Approach (FRA), also über Familienähnlichkeit, versuchen Irzik und Nola (2011, 2014) dem Problem keiner einheitlichen Definition für Naturwissenschaft zu begegnen. Der Ansatz wurde auch von Erduran und Dagher (2014) aufgegriffen. Dabei wird das Konstrukt NOS nicht über einen Minimalkonsens expliziert, sondern in Anlehnung an Wittgenstein (PU: 2003) durch Familienähnlichkeiten beschreiben. Grenzen vieler Begriffe sind verschwommen oder unklar, so auch der Begriff „Naturwissenschaft". Grundsätzlich kann Sprache Eigenschaften von Begriffen oft nicht durch eindeutige Klassifikationen oder Definitionen hinreichend erfassen, ohne dass sich

© Der/die Autor(en), exklusiv lizenziert durch Springer Fachmedien Wiesbaden GmbH, ein Teil von Springer Nature 2021
T. Billion-Kramer, *Nature of Science*, essentials,
https://doi.org/10.1007/978-3-658-33397-3_3

„der Verstand Beulen" holt (PU: 2003, § 119). Wittgenstein illustriert dies am
Beispiel des Spiels:

> Betrachte z. B. einmal die Vorgänge, die wir »Spiele« nennen. […] Was ist allen
> diesen gemeinsam? – Sag nicht: „Es muss ihnen etwas gemeinsam sein, sonst
> hießen sie nicht ›Spiele‹" – sondern schau, ob ihnen allen etwas gemeinsam ist. –
> Denn wenn du sie anschaust, wirst du zwar nicht etwas sehen, was allen gemeinsam
> wäre, aber du wirst Ähnlichkeiten, Verwandtschaften, sehen, und zwar eine ganze
> Reihe. Wie gesagt: denk nicht, sondern schau! […] Sind sie alle ›unterhaltend‹.
> Vergleiche Schach mit dem Mühlfahren. Oder gibt es überall ein Gewinnen und
> Verlieren, oder eine Konkurrenz der Spielenden? Denk an die Patiencen. In den
> Ballspielen gibt es Gewinnen und Verlieren; aber wenn ein Kind den Ball an die
> Wand wirft und wieder auffängt, so ist dieser Zug verschwunden. Schau, welche
> Rolle Geschick und Glück spielen. Und wie verschieden ist Geschick im Schach-
> spiel und Geschick im Tennisspiel. Denk nun an die Reigenspiele: Hier ist das
> Element der Unterhaltung, aber wie viele der anderen Charakterzüge sind ver-
> schwunden! […] Und das Ergebnis dieser Betrachtung lautet nun: Wir sehen ein
> kompliziertes Netz von Ähnlichkeiten, die einander übergreifen und kreuzen. (PU:
> 2003, § 66)

In diesem Sinne explizieren Irzik und Nola (2011) das Wesen der Naturwissenschaft über Eigenschaften, die nicht für alle naturwissenschaftlichen Disziplinen
und Herangehensweisen vollkommen gleich sind, zwischen denen aber Ähn-
lichkeiten bestehen – so wie zwischen den Mitgliedern einer Familie. Für die
Vielfalt und familienähnlichen Beziehungen zwischen naturwissenschaftlichen
Praktiken, Methoden, Zielen und Werten definieren Irzik und Nola (2014) zwei
Hauptdimensionen: Wissenschaft als kognitiv-epistemisches System und Wissen-
schaft als sozial-institutionelles System. Diese zentralen Systeme werden im
FR-Ansatz weiter ausdifferenziert, gleichwohl werden die Dimensionen und ihre
Subfacetten als enges miteinander verflochtenes Netzwerk verstanden. Wie der
Minimalkonsens versteht sich diese Konzeptualisierung von NOS somit als ganz-
heitlich. In Anlehnung an Wittgenstein wird hier der Definitionsaufgabe elegant
ausgewichen. An die Stelle von Konsensaspekten treten Dimensionen über die
Naturwissenschaft durch miteinander verwandte Praktiken, Methoden, Ziele und
Werte expliziert wird.

Der Family Resemblance Approach gewichtet die in Kap. 1 und 2 dis-
kutierte sozio-kulturelle Einbettung stärker als Minimalkonsens-Ansätze: Sie
wird zu einer von zwei Hauptdimensionen. Zudem widmet sich der FR-Ansatz
der Charakterisierung von Naturwissenschaft insbesondere deshalb elegant,

weil er durch das Definitionsproblem vorführt, wie beschränkt Sprache ist und damit ein zentrales Merkmal auch naturwissenschaftlicher Erkenntnis aufgreift: Dass Wissenschaft die Natur zwangsweise verändern und in Sprache, Modelle bzw. Theorien einbauen muss, um sie zu verstehen (vgl. Kap. 2 „Empirie und Imagination"; Feyerabend 2002). Konkretisierungen für den Unterricht liegen zum FR-Ansatz allerdings bisher kaum vor. Außerdem stellt sich die Sinnfrage einer grundlegenden Neukonzeptualisierung, wenn anstelle des Minimalkonsens-Aspekts einer sozio-kulturellen Einbettung im FR-Ansatz die Hauptdimension *Wissenschaft als sozial-institutionelles System* diskutiert wird oder aus dem Minimalkonsens-Aspekt *Methodenvielfalt* die FRA-Dimension *Methodologien und methodische Regeln* wird.

Wittgenstein fordert oben genau zu schauen. In Bezug auf naturwissenschaftlicher Erkenntnis und Verstehensprozesse von Lernenden schaute Wagenschein sehr genau hin. Und entwickelte auf dieser Basis sein *genetisches Lernen*.

3.2 Das Wesen der Naturwissenschaft im *genetischen Lernen*

Das Verstehen des Wesens der Naturwissenschaft (bzw. der Physik) hat Wagenschein bereits betont, bevor es international zum wichtigem Ziel naturwissenschaftlicher Bildung und Scientific Literacy wurde (American Association for the Advancement of Science 1993; KMK 2005; National Research Council 1996). Wesentliche Aspekte der naturwissenschaftlichen Erkenntnisgewinnung flossen bereits in seine Pädagogik ein, noch bevor Kuhn (2017/1962) entsprechende Aspekte in bahnbrechenden wissenschaftstheoretischen Arbeiten veröffentlichte (Labudde 1996). Diese Apekte wurden u. a. als *Subjektivität* und *sozio-kulturelle Einbettung* (Lederman 2007) oder als *sozial-institutionelles System* (Irzik und Nola 2014) später zu einer Grundlage von aktuellen NOS-Konzeptualisierungen.

Das Wesen der Physik lag für Wagenschein insbesondere in der Auseinandersetzung mit der Natur und nicht allein darin, dass „etwas vergröbert gesagt: Physik zeigt, wie Natur ‚ist'" (1995/1962, S. 13). Eine der zentralen Fragen Wagenscheins lautet: „Wie muss der Physik-Unterricht aussehen, wenn er sich die Aufgabe stellt: Physik – als eine Art der Auseinandersetzung mit der Natur — ‚im' Kinde werden zu lassen?" (1995/1962, S. 14).

Verstehen, als zentraler Begriff in Wagenscheins Pädagogik, zielt in diesem Sinne nicht nur auf das Verstehen physikalischer Phänomene (oder typischer

Arbeitsschritte), sondern dem Verstehen von Naturwissenschaft bzw. Physik als
einer Art der Weltbegegnung und Auseinandersetzung mit der Natur:

> Was verändert sich durch Physik? Wie verändern wir, indem wir sie hervorbringen,
> das Natur-Bild, und wie verändern wir uns dabei selber? Was tut Physik der Natur
> an und was uns? Und was im Besonderen dem Kinde? Es ist, wie wenn sich in einer
> Landschaft die Beleuchtung ändert. Sie sieht dann anders aus, und uns wird anders
> zumute. Niemand, der Physik lernt, entgeht dieser Verwandlung. (Wagenschein
> 1995/1962, S. 12)

So identifiziert Peter Labudde (1996) bemerkenswerte Parallelen zwischen Lern-
prozessen in Wagenscheins Pädagogik und Thomas Kuhns (2017/1962) Modell
wissenschaftlicher Erkenntnisgenese. Bemerkenswert insbesondere deshalb, weil
Wagenschein sein genetisches Lernen entwickelte, „bevor in der Wissenschaftsphilosophie – erstmals vor allem durch Kuhn – der Entdeckungszusammenhang
analysiert wurde" (Labudde 1996, S. 174).

Kuhn (2017/1962) konnte sowohl eine starke soziale Dynamik in wissenschaftlicher Hypothesenbildung zeigen, als auch wie voreingenommen sich
Mitglieder einer *Scientific Community* dabei in ihrer Wahrnehmungs- und Inter-
pretationsweise bewegen, also in bestimmten Paradigmen (vgl. Kap. 2 *Subjektivität wissenschaftlicher Erkenntnis*). Sowohl in Kuhns, als auch Wagenscheins
Werk spielen Anomalien (oder irritierende Phänomene), Kommunikation, Sprach-
entwicklung und Erzeugung von Wissen in einer Gemeinschaft eine zentrale
Rolle (vgl. Labudde 1996).

Paradigmenwechsel und Genetisches Lernen
Im Zentrum von Kuhns Wissenschaftsanalyse stehen sogenannte Paradigmenwechsel bzw. wissenschaftliche Revolutionen. Wenn Phänomene im bestehenden
Paradigma und der entsprechen Experimente und Apparaturen nicht erklärt
werden können, löst dies Anomalien aus. Häufen sich Anomalien, gerät die
Wissenschaft in eine Krise. Meist entwickeln dann Außenseiter eine revolutionäre
Theorie, die bisherige Grundlagen erschüttert. Es kommt zu einem Paradigmenwechsel. Die Welt, in der Forschende leben, wird eine andere. Wagenschein betont in Bezug auf naturwissenschaftliche Bildung zwar einerseits eine
Genese, ein Fortsetzen bisheriger Naturerfahrung; Prozesse, die heute als das
Anknüpfen an Präkonzepte beschrieben werden. Aber für Wagenschein bedarf
es für die genetische Entwicklung von Erkenntnis gerade auch Anomalien, die
er als „Phänomene, die erzittern machen" (zit. nach Labudde 1996, S. 171) oder
„produktive Verwirrung" (Wagenschein 1999, S. 94) inszeniert.

So gilt es im genetischen Lernen ein Phänomen so zu platzieren, dass sich Lernende einer Erkenntnislücke bewusstwerden, also staunen, und sich daraus die leitende Fragestellung eines Themas entwickelt. Das Phänomen verwirrt und drängt dazu, selbst zur Lernaufgabe zu werden, bei der zu überlegen ist, was man am besten in welcher Reihenfolge tun kann, um die entstandene Aufgabe zu lösen. Als erkenntnisleitende Fragestellung muss das Phänomen eine Sog-Wirkung ausüben: „So wie ein Segel gestellt werden muss, damit es vom Wind auch erfasst wird, so ist die Frage gestellt, wenn die Kinder vom Sog des Problems ergriffen sind" (Wagenschein 1995/1980, S. 252).

Der wissenschaftliche Diskurs als sokratisches Gespräch
Ausgehend von einer solchen erkenntnisleitenden Sog-Frage lehrt Wagenschein (1999, S. 112) ein „authentisches Bild der lebenden Wissenschaft" durch das „produktive Suchen, Finden und das kritische Prüfen" im sokratischen Gespräch einer Gemeinschaft. In der Gemeinschaft zeigt sich eine zentrale Parallele zu Kuhns Wissenschaftstheorie (Hoyningen-Huene 1997, S. 248):

> Niemand (außer dem damals völlig vergessenen Ludwik Fleck) hatte in der Wissenschaftstheorie die mögliche oder gar unmögliche Funktion einer Gemeinschaft von Wissenschaftlern für die Wissenschaftsentwicklung diskutiert. Die Wissenschaft war wesentlich ein Ein-Personen-Spiel; für Kuhn dagegen war sie ein fundamental soziales Unternehmen.

In Naturwissenschaft und Wagenscheins Unterricht erfolgt Verstehen durch Kooperation und Kommunikation: In Gemeinschaften werden Bedeutungen ausgehandelt, gemeinsam geht es um den Aufbau von neuem Wissen, nicht umsonst wird inzwischen von Wissenschaft als *Scientifc Community* gesprochen. Die Verbindung zur Welt besteht primär innerhalb der jeweiligen Sprachgemeinschaft und Einzelne verfügen über diese Verbindung nur, wenn sie Teil dieser Sprachgemeinschaft sind. So kann das streng sokratische Gespräch „in einer wachen und koordinierenden Gruppe" (Wagenschein 1999, S. 98) als Analogie zum wissenschaftlichen Diskurs verstanden werden. Für Wagenschein (1999, S. 118) soll erreicht werden, dass

> die Schüler *miteinander* reden und nicht immer auf den Lehrer schielen, wenn sie etwas gesagt haben [Es sind] immer wieder Fragen folgender Art [zu] stellen: Worüber sprechen wir jetzt? Was wollten wir eigentlich herausbringen? Sind wir weitergekommen? Wer ist einverstanden mit dem, was er eben gesagt hat? Hast Du selbst verstanden, was Du eben gesagt hast? Sag es noch einmal anders. Und so fort bis fast alle verstanden haben. (Wagenschein 1999, S. 118)

Wie in Erkenntnisprozessen der *Scientific Community* ist

> der *Genetische* Lehrgang [...] nicht programmierbar, er hat immer Dunkelheit vor
> sich [...] Auch an welchen Weg-Wendungen der Lehrer etwas sagen wird, kann
> er nicht vorher wissen. Denn Kinder, wenn ihr Denken erwacht ist, denken über-
> raschend und meist auch überraschend gut. (Wagenschein 1999, S. 98)

Durch diese Offenheit können sich im streng sokratisch gestalteten Gespräch
explizit sinnvolle Deutungen entwickeln oder zur Sprache kommen, die in
Schule und Wissenschaft gelehrten Paradigmen widersprechen. Buck und
Aeschlimann (2019) zitieren dazu ein in einer ersten Klasse aufgetretenes Beispiel zur Rechnung $1 + 1 = 3$ („Mama ist eins und Papa ist eins und dann bin ich
gekommen. Jetzt sind wir drei.") und diskutieren miteinander, wie Lehrkräfte hier
sinnvoll reagieren können.

Kuhn (2017/1962) beschreibt ferner Sprachveränderungen während Para-
digmenwechseln und Sprachkonflikte zwischen unterschiedlichen Paradigmen. Schließlich ist Sprache nicht neutral, unterschiedlichen Paradigmen
liegen unterschiedliche Sprachen zu Grunde und somit ein jeweils anderer
Fokus auf Probleme und Weltsichten, sodass sachbezogene Gespräche auf Basis
von genügend gemeinsamen Annahmen und Begriffen unmöglich seien(„inkommensurabel"). Sprachentwicklungsprozesse nehmen auch im sokratischen
Gespräch Wagenscheins eine zentrale Rolle ein. Wagenschein betont, Kinder
zunächst in der ihnen eigenen, altersangemessen Sprache bzw. Muttersprache
reden und denken zu lassen. „Die Muttersprache ist die Sprache des Verstehens,
die Fachsprache bespiegelt das Ergebnis in einem letzten Arbeitsgang" (Wagenschein 1999, S. 122).

Labudde (1996) hat auf die besondere Nähe des genetischen Lernens zum
Wesen der Naturwissenschaft bzw. zentraler Aspekte der Wissenschaftstheorie
aufmerksam gemacht. Im Zentrum wissenschaftlicher Erkenntnisprozesse
sowie des genetischen Lernens steht die Auseinandersetzung mit Natur in einer
forschenden bzw. verstehenden Gemeinschaft. In diesem Sinne wird Wagenscheins Pädagogik hier als alternative NOS-Konzeption jenseits von Diskursen
um Minimalkonsensaspekte und Familienähnlichkeit gedeutet. Grundsätzlich
sind sokratische Gespräche allerdings ungemein anspruchsvoll (Thiel 2003). Es
bedarf viel Übung und Lehrkräfte müssen sich aufmerksam auf Denkwege der
Lernenden einlassen können und zudem versuchen, Denkwege und Vermutungen
einzelner Kinder allen Kindern der Klasse zugänglich zu machen. Wagenschein
(1999, S. 118) beklagte zudem, dass mit „Stoff- und Zeitdruck" in den Schulen
kein „Denkdruck" aufkommen kann. Die Originallektüre darf durch dieses

essential keinesfalls ersetzt werden. Einen Einstig in genetisches Lernen bietet: Verstehen lehren (Wagenschein 1999). Zudem hat beispielsweise Thiel (2003) eine Adaption von Wagenscheins genetischem Lernen für die Grundschule vorgelegt. Außerdem hat sich Ansari (2010, 2013) für das Kindergarten- und frühe Grundschulalter Wagenscheins Grundidee besonnen, der Natur in verstehenden Auseinandersetzungen einer Gemeinschaft zu begegnen („Forscherdialoge"), um so fragwürdigen und inzwischen verbreiteten „Rezepten" zum Erlernen von naturwissenschaftlichen Inhalten in der frühen Bildung eine Alternative entgegenzusetzen. Angelehnt an Wagenscheins Diktum *Rettet die Phänomene!* fordert Ansari (2013): *Rettet die Neugier!*

3.3 Das Wesen der Naturwissenschaft in Stories und historischen Fallbeispielen

Darwin ringt um Fassung. Seit Jahren, fast Jahrzehnten denkt er seine revolutionäre Idee zur Transmutation der Arten. Erste Niederschriften sind begonnen. Doch immer wieder Zweifel: Ist seine Idee reif zur Veröffentlichung? Kann er seiner Zeit wirklich erklären, warum Gott etwas schafft, das nicht perfekt ist? Dass in der Schöpfung keine naturgegebene Ordnung liegt, dass sich die Natur ohne Sinn entwickelt…

Schlagartig sind diese Überlegungen unwichtig. Vor ihm liegt ein Manuskript. Frisch eingetroffen aus Niederländisch-Indien. Wallace formuliert darin Gedanken zur Transmutation, wie sie Darwin schon lange mit sich herumträgt. Und gerade er, Darwin, wird gebeten, es zu begutachten und es anschließend dem Kollegen Lyell zur Veröffentlichung zu empfehlen.

Dawins Kopf ist voll von Gedanken: Ist ihm Wallace zuvorgekommen? Hat Wallace damit den entscheidenden Schritt getan? Hat Wallace hiermit als erster jene revolutionären Gedanken zur Veröffentlichung eingereicht, die sie beide offenbar unabhängig voneinander entwickelt haben? Hat er, Darwin, gerade Glück oder Pech? Was tun? Die eigenen Ideen veröffentlichen und Wallace Manuskript zunächst ignorieren? Wohl kaum. Wallace schreiben, dass er selbst schon lange eine fast identische Theorie entwickele und bisher mit der Veröffentlichung hadere…? Auch komisch. Das Manuskript soll an Lyell. Lyell. Ja, Lyell. Er ist jetzt der richtige Diskurspartner. Bestimmt kann er all die Gedanken ordnen – und vielleicht lässt sich mit ihm auch eine Strategie entwickeln…

Die Wissenschaftsgeschichte ist voll solchen Episoden (Allchin 2013b). Mit ihrer Hilfe kann fesselnd und zugleich aufschlussreich Naturwissenschaft als ein menschliches Unterfangen erzählt und verstanden werden. Auch wissenschaftstheoretische Werke illustrieren und analysieren ihre Modelle und Theorien anhand von historischen Fallbeispielen und Stories (Feyerabend 1987/1975;

Kuhn 2017/1962). Somit haben Verschiedene NOS-Ansätze historische Fall-beispiele oder Elemente des Storytellings aufgegriffen und daraus teilweise eigene elaborierte Zugänge zu NOS entwickelt. Diese verorten sich teilweise explizit in Abgrenzung zur Tradition klassischer Minimalkonzeptansätze (z. B. Adúriz-Bravo 2014), teilweise orientieren sie sich explizit daran (z. B. Kapsala und Mavrikaki 2020). Das Grundprinzip, Lernenden das Wesen der Naturwissen-schaften, durch Erzählungen zu authentischen Stationen der Wissenschafts-geschichte, aktuellen Fallbeispielen oder typischen Prozessen wissenschaftlicher Erkenntnisgewinnung zu illustrieren oder erfahren zu lassen, eint diese Ansätze. Narrative Ansätze stellen somit nicht zwangsweise eine Alternative dar, sondern können auch als spezielle Methode verstanden werden, um NOS-Lernprozesse zu initiieren. Eine Möglichkeit Wagenscheins Pädagogik mit narrativ-drama-turgischen Elementen zu kombinieren, wird mit dem Lehrstück „*Linnés Wiesen-blumen*" von Susanne Wildhirt (2007) in Kap. 5 vorgestellt. Zahlreiche Hinweise zur Entwicklung eigener Stories, Inspirationen und Beispiele liefern in englischer Sprache z. B. Allchin (2013b), Allchins Website (https://shipseducation.net/modules/) oder Kapsala und Mavrikaki (2020).

Gleichwohl: Wissenschaftliche Erkenntnisprozesse oder historische Fall-beispiele als Geschichten zu erzählen ist nicht unumstritten und birgt Fallen: Stories entstehen nicht ausschließlich aus den vorhandenen Informationen, sie lassen (wichtiges?) weg und imaginieren etwas hinzu. Nur Darwin selbst wusste, wie er auf Wallace Manuskript reagiert hat, und selbst diese eigenen Erinnerungen beinhalten sicher Verzerrungen. Stories filtern. In Kap. 1 erwähnte Beispiele zur Darstellung von Forschenden provozieren ein unrealistisches Naturwissenschaftsverständnis, nicht weil sie per se Falsches zeigen, sondern insbesondere weil sie wichtige Prozesse wissenschaftlicher Erkenntnis ignorieren und sich nur auf Ausschnitte konzentrieren. Primäres Ziel dieser Beispiele aus Kultur- und Unterhaltungsindustrie ist schließlich nicht, realistische Erkenntnisprozessen darzustellen, sondern einen spannenden Plot zu erzählen. Beim Einsatz des Storytellings im Unterricht gilt es somit, sich auf-merksam den jeweiligen Kontexten, Ausschnitten und Intentionen bewusst zu sein. Nach Kapsala und Mavrikaki (2020) ist bei Entwicklung und Einsatz von Erzählungen somit besondere Aufmerksamkeit zu lenken auf a) die Nutzung valider und authentischer historischer Quellen, b) eine Darstellung wissenschaft-licher Erkenntnis, die möglichst keine Missverständnisse oder Fehlvorstellungen provoziert und zudem c) dem jeweiligen epochalen oder kulturellen Kontext gerecht wird. Letztendlich gilt es zudem d) Erkenntnisprozesse nicht zu verein-fachend und ihre Akteure nicht zu beweihräuchernd, sondern möglichst realitäts-nah darzustellen.

3.4 Das Wesen der Naturwissenschaft und *Science Media Literacy*

Soziale Netzwerke und neue Medien erleichtern nicht nur den Zugang zu wissenschaftlicher Erkenntnis, sondern auch die Verbreitung von Pseudowissenschaft, *Fake News* und Verschwörungstheorien. Höttecke und Allchin (2020) problematisieren diese Entwicklung und ihre Bedeutung für das Lernen über NOS. Sie begründen NOS als Teil einer *Science Media Literacy,* um Lernenden zu ermöglichen, kompetent neuen Wegen der Wissenschaftskommunikation zu begegnen. Den Ansatz skizziert dieses Kapitel. Dazu wird zunächst Wissenschaftskommunikation in klassischen Medien dargestellt und mit neuen Wegen kontrastiert.

Klassische Medien als Gatekeeper zu wissenschaftlicher Erkenntnis
In die breite Öffentlichkeit gelangen wissenschaftliche Erkenntnisse klassisch insbesondere über Printmedien, Radio und Fernsehen. Das Spektrum reicht von Unterhaltungssendungen, Hintergrundberichten bis hin zur Verbraucherinformation zu Medikamenten, Ernährung oder Haushaltsprodukten. Nur selten lesen Privatpersonen Wissenschaftsjournale oder sprechen direkt mit Forschenden. In der Regel wird wissenschaftliche Erkenntnis also durch vermittelnde Medien kommuniziert.

Traditionell haben diese Medien bei der Vermittlung zwischen Experten und der breiten Öffentlichkeit wichtige „Gatekeeper"-Funktionen übernommen: Ihre Rolle beinhaltet insbesondere 1) die Auswahl relevanter und interessanter Themen, sie kuratieren, was für ihre Zielgruppen wertvoll ist, lenken Aufmerksamkeiten und übernehmen so die Aufgabe des *Agenda Settings.* 2) Sie reduzieren Komplexität anspruchsvoller und mit Fachjargon gefüllter Texte. Durch Verständlichkeit ermöglichen sie einer breiten Öffentlichkeit Zugang. 3) Medien spielen eine entscheidende Rolle bei der Wahrung der Vertrauenswürdigkeit wissenschaftlicher Aussagen. Wissenschaftsjournalistinnen und -journalisten verlassen sich in der Regel auf peer-reviewte Quellen, prüfen Fakten, konsultieren unabhängige Quellen und anerkannte Kritiker. So weit, so idealtypisch, denn auch journalistische Praxis ist in gesellschaftliche und soziale Kontexte bzw. Zwänge eingebettet, die meisten Medien sind Teil privater Unternehmen und müssen somit auch auf wirtschaftliche Realitäten ihrer Märkte reagieren (oder wollen dies ausdrücklich). Aufmerksamkeit ist auch in klassischen Medien wichtiger Erfolgsfaktor, der durch Dramatisches, Persönliches, Emotionales, Erstaunliches, Neues, Kontroverses oder lokal Relevantes gesteigert wird

(Höttecke und Allchin 2020). Dennoch betonen Höttecke und Allchin (2020) ausdrücklich die bedeutende Gatekeeperfunktion klassischer Medien.

Neue Wege der Wissenschafts- und Pseudowissenschaftskommunikation
Neue Kanäle und Plattformen sozialer Netzwerke eröffnen neue Dimensionen, auch jenseits verantwortungsvollen Gatekeepings Inhalte zu verbreiten. *Fake News*, "alternative Fakten", Verschwörungstheorien oder pseudowissenschaftliche Theorien lassen sich weitgehend ungehindert verbreiten oder als seriös getarnte Angebote im Internet finden. Kontrollierende und kritische Stimmen sind nicht per se vorhanden. Zudem sind Kommunikationswege über „soziale Medien" und das Internet als Informationsquelle kein Nebenschauplatz: Soziale Netze bzw. das Internet werden in Altersgruppen unter 20 teilweise als ausschließliche Medium zur eigenen Information genutzt – und nicht mehr nur primär (vgl. Höttecke und Allchin 2020). Im Fehlen einer Gatekeeper-Funktion bei zugleich primärer Information über soziale Netze und das Internet liegen hohe Risiken: Selbsternannten Spezialisten steht mit dem Aufkommen des Internets eine erschwingliche Sendeplattform bereit, was u. a. zu einer Flut von wissenschaftsfeindlichen Websites mit verborgenen Finanzierungsquellen und Interessenkonflikten geführt hat. Elektronische Medien erleichtern es zudem, falsche Bilder sowohl von Forschenden als auch vertrauenswürdigen Quellen zu zeichnen, so können sie Misstrauen gegenüber wissenschaftlichen Erkenntnisprozessen und seriöser Expertise triggern und verbreiten.

Durch zunehmend isolierte Kommunikationsprozesse innerhalb sozialer Gruppen und deren gemeinsamen sozialen Netzen, Freundeskreisen, Newsfeeds oder Blogs verstärken sich klassische Blasen- oder Netzwerk-Effekte. Zahlreiche Exempel zeigen, dass bestimmte Gruppen, die z. B. die Evolution oder Impfstoffe per se ablehnen, auch dazu neigen, politische Ideologien oder ein ähnliches soziales Umfeld teilen (Allchin 2013a). Innerhalb sozialer Netzwerke erhöht sich zudem die Anfälligkeit eines *Confirmation Bias:* "Sympathische" *Fake News* aus unseriösen Quellen werden innerhalb der jeweiligen Gruppen (weiter-) kommuniziert und festigen Voreingenommenheit. Zudem wird der *Confirmation Bias* zum digitalen Selbstläufer: Internetbrowser, Nachrichtendienste wie Google News oder Yahoo News und Videoplattformen sammeln Nutzungsdaten, um anwendergerecht Angebote aus verschiedenen Online-Quellen auszuwählen.

So bilden *Fake News* und soziale Medien eine toxische Mischung, die seriöse Wissenschaftskommunikation untergraben kann. Für die öffentliche Meinungsbildung werfen sich zentrale Fragen auf: Wie beurteilen mündige Konsumierende die Zuverlässigkeit von wissenschaftlichen Aussagen, die sich über soziale Netzwerke verbreiten und die für die öffentliche Meinungsbildung oder eigene

Lebensführung von Bedeutung sind? Wie kommunizieren Netzwerke über Wissenschaft?

Basierend auf diesen Analysen und Fragen zeichnen Höttecke und Allchin (2020) für die naturwissenschaftliche Bildung neue Herausforderungen: Wissenschaftlich gut informierte Bürgerinnen und Bürger bedürfen einer neuen Medienkompetenz in Bezug auf Wissenschaftskommunikation, also einer *Science Media Literacy,* um ohne traditionelle Gatekeeper seriöse Quellen und Inhalte Wahrheit von Unwahrheit oder trügerischen Halbwahrheit zu unterscheiden. Science-media-kompetente Personen zeichnen sich entsprechend, durch ein Verständnis für vorhandene oder fehlende Gatekeeping-Funktionen aus. Sie reflektieren den eigenen Medienkonsum aufmerksam, um nicht auf Confirmation Bias- oder False-consensus-Effekte hereinzufallen. Sie sind sich Filterblasen in neuen Medien und sozialen Netzen bewusst, sodass sie beispielsweise Filtern von Suchmaschinen, Nachrichtendiensten und Videoplattformen bewusst, kritisch und eigenverantwortlich begegnen.

Um auf diesen Anspruch hinwirken zu können, schlagen Höttecke und Allchin vor, *Science Media Literacy* als integralen Bestandteil von NOS im naturwissenschaftlichen Unterricht zu verankern. Adressaten von Wissenschaftskommunikation sollten sich als „mündige Konsumierende" verstehen und nicht als passive Empfänger. Dazu gelte es, Mediatoren zwischen wissenschaftlicher Erkenntnis und informierter Öffentlichkeit nicht als transparente Übersetzer zu verstehen, sondern in ihrer Rolle als aktive Lenker von Informations- oder gegebenenfalls Desinformationsflüssen. Aufmerksam sollten sie sich bei ihrem Informationskonsum fragen bzw. darüber reflektieren: Was ist relevant? Wer ist vertrauenswürdig? Bin ich mir meiner eigenen kognitiven Filter bewusst? Könnte es sein, dass ich nur eigene und falsche Vorstellungen bestätigen lasse?

Notwendig ist sowohl ein Verständnis über das Wesen und die gesellschaftlich-soziale Einbettung von Naturwissenschaften und die damit verbundene Bedeutung von Vertrauen, Glaubwürdigkeit, Peer-Review-Verfahren und Konsens. Zugleich bedarf es aber einer Medienkompetenz: Lernende sollten sich der Ironie bewusst sein, dass das Informationszeitalter mit modernen Technologien großes Potenzial für Fehlinformationen und Interessenkonflikte in der Kommunikation birgt und professionelle Gatekeeper, Kuratoren oder Redaktionen unverzichtbar bleiben. Aufmerksam sollten sie Gefahren der sozialen Netze begegnen. So geht dieser Anspruch einer *Science Media Literacy* als besondere Form der Medienkompetenz über klassische Felder des naturwissenschaftlichen Unterrichts hinaus.

3.5   Helfen die Alternativen weiter?

Familienähnlichkeits-Ansatz

Dem Problem einer angemessenen Definition bzw. Demarkation des Wesens der Naturwissenschaften („the problem of definition and demarcation" Irzik und Nola 2011, S. 591) begegnet der Familienähnlichkeits-Ansatz elegant. Aber trifft er das zentrale Problem? Zunächst mutet es in der Tat seltsam an, wenn ein Minimal-konsens über das Wesen der Naturwissenschaft ungeeignet ist, Naturwissenschaft vom Wesen anderer wissenschaftlicher Disziplinen abzugrenzen, da typische Minimalkonsens-Aspekte auch nicht-naturwissenschaftliche Wissenschafts-disziplinen charakterisieren, sodass der Minimalkonsens nicht zur Demarkation geeignet scheint (vgl. Billion-Kramer et al. 2020; Gebhard et al. 2017): Auch die ästhetischen Wissenschaften differenzieren bei der Analyse von Kunstobjekten zwischen Beobachtung und Interpretation, auch in den Bewegungswissen-schaften basiert ein Untersuchungsdesign auf dem subjektiven Vorverständnis der Forschenden. Studierende der Theologie lernen im ersten Semester die *historisch-kritische Methode* kennen und damit, dass wissenschaftliche bzw. „historische Erkenntnisse nicht endgültig, sondern prinzipiell revidierbar sind" (Heiligenthal et al. 1999, S. 30).

Das Demarkationsproblem des Minimalkonsenses lässt sich zunächst nicht wegdiskutieren. Seit sich Wilhelm Dilthey (1833–1911) zur Lebensaufgabe gesetzt hat, die Geisteswissenschaften zu begründen und von den Naturwissen-schaften abzugrenzen („Die Natur erklären wir, das Seelenleben verstehen wir") wird die Demarkation diskutiert. Obwohl die Kontroverse immer wieder auflebt, finden sich inzwischen allerdings zahlreiche Analysen zur Überschneidung bzw. „Verbindung der Erkenntnisleistungen beider Lager" (Schurz, S. 156).

Neben dieser Annäherung ist in Bezug auf das Demarkationsproblem noch eine andere Frage zu stellen: Ist die Demarkation überhaupt ein Kern-problem für das Anliegen über das Wesen der Naturwissenschaften zu lehren? Ziel von *Nature of Science* ist ein Hinwirken auf ein angemessenes Naturwissen-schaftsverständnis. Ist es ein Problem, wenn sich dies mit dem Wissenschaftsver-ständnis anderer Disziplinen oder grundlegenden erkenntnistheoretischen Fragen überschneidet? Dittmer (2010) hat erkenntnistheoretischen Fragen exemplarisch für den Biologieunterricht zusammengestellt. Das Ziel dieser Fragen: „Die Genese biologischen Wissens verstehen, bewerten und kommunizieren können!" (Dittmer 2010, S. 57). Diese erkenntnistheoretischen Fragen adressieren typische Minimalkonsensaspekte: „Welche Bedeutung haben Vorwissen und Denk-traditionen?" (z. B. Subjektivität; soziale Einbettung), „Gibt es Grenzen der wissenschaftlichen Erkenntnis?" (z. B. Vorläufigkeit), „Was bedeutet wissenschaftliche Erkenntnis?" (z. B. Empirie und Imagination). Ein reflektierter Standpunkt zu Erkenntnismöglichkeiten und -bedingungen ihrer jeweiligen Unterrichtsfächer sei für Lehrkräfte aller Fächer und nicht nur der Naturwissenschaften wichtig, schließlich wird ihnen eine Sachautorität und somit auch eine Erklärungshoheit über das von ihnen vertretene Fachgebiet zugeschrieben (vgl. Dittmer 2010). So sollten sich Lehrkräfte aller Fächer mit philosophischer Erkenntnistheorie auseinandersetzten, also fragen

> was Wissen ist, was Wissen von Meinungen und Glauben unterscheidet und wie Menschen zu Wissen gelangen können. Als eine, wenn man so will, philosophische Grundlagendisziplin geht sie [= die philosophische Erkenntnistheorie] über die Beschäftigung mit Wissenschaft und wissenschaftlichem Wissen hinaus und ist für Lehrer und Lehrerinnen, gleich welchen Faches, der Sache nach unabdingbar. (Dittmer 2010, S. 56–57)

Anstelle den NOS-Minimalkonsens aufgrund des Demarkationsproblems zu ersetzen, könnte mit Dittmer argumentiert werden, dass ein Gros der diskutierten Aspekte so grundsätzliche erkenntnistheoretische Bedeutung hat, dass entsprechende Aspekte auch in den anderen Schulfächern diskutiert werden sollten und Lehrkräfte auch dort reflektiertes Grundlagenwissen benötigen.

Klassische Minimalkonsens-Elementarisierungen haben diese Aspekte (momentan noch) greifbarer für den Unterricht herausgearbeitet als der Familienähnlichkeiten-Ansatz und liefern so eine konkretere Orientierung für Schule, Kindergarten und fachdidaktische Forschungszwecke. Allerdings sollte die Kritik u. a. des Familienähnlichkeiten-Ansatzes geprüft werden, ob Minimalkonsens-Facetten die in Kap. 1 und 2 skizzierte soziale und kulturelle Einbettung der Naturwissenschaften bisher ausreichend betonen. Ein zentraler Kritikpunkt von Allchin (2011) an Minimalkonses-Elementarisierungen, dass vermutlich wenig Relevantes über NOS verstanden werde, wenn wissenschaftliche Erkenntnisprozesse aus ihren erkenntnistheoretischen, sozialen oder historischen Kontexten gelöst und im Unterricht als Liste präsentiert und für einen Test auswendig gelernt werden, wird in Kap. 5 zum Praxisbeispiel *Reflection Corner* (z. B. Höttecke und Barth 2011) nochmals aufgegriffen.

Science Media Literacy

Mit dem Konzept einer *Science Media Literacy* denken Höttecke und Allchin (2020) über den Rahmen klassischer Naturwissenschaftsdidaktik und den in traditionellen Unterrichtsfächern abgebildeten Stoffkanon hinaus. Differenziert begründen Höttecke und Allchin, die Bedeutung eines angemessenen Wissenschaftsverständnisses in Bezug auf gesellschaftliche Entwicklungen, die häufig unter dem Schlagwort „Digitalisierung" zusammengefasst werden. Mit ihren Chancen und Risiken kann die „Digitalisierung" als „epochaltypisches Schlüsselproblem" (Klafki 2007) bezeichnet werden und Lernende sollten sich Herausforderungen von Gegenwart und Zukunft bewusst sein, die durch dieses Schlüsselproblem gestellt werden. So gelte es, „problemsichtig zu werden, ein differenziertes Problembewußtsein zu gewinnen […] und erste Handlungserfahrungen und -fähigkeiten zu entwickeln" (Klafki 2007, S. 62). Einem solchen Anspruch begegnen Höttecke und Allchin mit ihrer *Science Media Literacy,* die auch grundsätzliche Medienkompetenz beinhaltet, also klassische naturwissenschaftsdidaktische Grenzen überschreitet. Die Autoren führen vor: „Die gegenwärtigen und zukünftigen Probleme und Herausforderungen lassen sich nicht innerhalb einzelner Wissenschaftsdisziplinen lösen, es kommt auf vernetzendes Denken an, das Fragestellungen und Wissen aus verschiedenen Fachdisziplinen integriert" (Michalik 2021, S. 139). Somit kann eine *Science Media Literacy* nicht nur als Kritik und Aktualisierung bisheriger NOS-Konzeptualisierungen verstanden werden, vielmehr problematisiert sie auch ein zentrales Problem der Zergliederung von Unterricht und Bildungsinhalten nach klassischen universitären Fachdisziplinen wie Physik, Politik, Germanistik. Mit ihrem Programm einer *Science Media Literacy* bis hin zu konkreten Unterrichtsvorschlägen (vgl. Kap. 5; Allchin 2020) aktualisieren die Autoren somit nicht nur naturwissenschaftsdidaktische Ansprüche, sondern liefern auch einen allgemeindidaktischen Beitrag zu zeitgemäßen Bildungsinhalten. Es lohnt somit, NOS stets auch neu zu denken. Zudem kann *Science Media Literacy* eine *Digital Literacy* bereichern, die als Kernkompetenz für 2030 im aktuellen ökonomisch-gesellschaftlichen Diskursbeitrag der OECD (2019) begründet wird.

Genetisches Lernen

Während Höttecke und Allchin den Rahmen des naturwissenschaftlichen Unterrichts sprengen, konzentriert sich Wagenschein (z. B. 1999) auf die Essenz naturwissenschaftlicher Weltbegegnung. Genetisches Lernen scheint eine Alternativ-, aber nicht Ersatzkonzeption darzustellen: Verstehensprozesse im Unterricht entwickeln sich hier analog (wenngleich nicht identisch) zur wissenschaftlichen Erkenntnisgenese. Im Zentrum des genetischen Lernens steht die verstehende Auseinandersetzung mit Natur in einer lernenden Gemeinschaft, eine (Naturwissenschafts-)Pädagogik die genuin auch vom Wesen der Physik geprägten ist. Gerade dialektische Prozesse zwischen Beobachtung und Theoriebildung, die nach Duschl und Grandy (2013) in Interpretationen des klassischen

NOS-Minimalkonsens oft zu kurz kommen, stehen im Zentrum des sokratischen Gesprächs und genetischen Lernens.

Storytelling und Fallbeispiele

In Bezug auf das Storytelling und narrative Ansätze stellt sich die Frage, ob diese in einem Kapitel über alternative NOS-Konzeptualisierungen überhaupt richtig verortet sind und nicht vielmehr eine Methodik im Dienste anderer Konzeptualisierungen darstellen. Es haben sich zwar eigene narrative NOS-Ansätze entwickelt, die zudem eigens definierte Aspekte ins Zentrum stellen; beispielsweise konzentriert sich der Ansatz von Adúriz-Bravo (2014) insbesondere auf Analogien der Modellbildung in fiktiven Kriminalgeschichten und wissenschaftlichen Erkenntnisprozessen. Diese folgen vier typischen und wiederkehrenden Aktivitäten: Beobachtung, Intervention, Erklärung, Voraussage (vgl. Heering und Kremer 2018). Doch auch dieser Ansatz verortet sich explizit im Rahmen eines weiteren Alternativkonzepts von Allchin (2011). Storytelling und Fallbeispiele werden an dieser Stelle somit eher als methodischer Zugang zum Lernen über NOS verstanden, denn als eigener Ansatz.

Empirische Befunde zu NOS

4

In diesem Kapitel wird ein Überblick über zentrale Forschungsergebnisse und Bedingungen für gelingendes Lernen über Nature of Science (NOS) gegeben.

In der naturwissenschaftsdidaktischen Theorie wird die Bedeutung von NOS seit mehr als 100 Jahren diskutiert (z. B. Sykes 1909). Fachdidaktisch gilt NOS seit langem als wichtiger Inhalt naturwissenschaftlichen Unterrichts (Höttecke 2001; Kircher 1977; Lederman 2007; McComas und Olson 1998; Welch und Pella 1967). Bildungspolitisch ist NOS seit fast 30 Jahren Bestandteil von Bildungsstandards und Benchmarks (American Association for the Advancement of Science 1993; KMK 2005; National Research Council 1996). In Anbetracht der langen fachdidaktischen und bildungspolitischen Diskussion überrascht die internationale Forschungslage damit, dass Unterrichtserfolge bei Lernenden deutlich hinter den theoretischen Ansprüchen zurückbleiben: Deng et al. 2011 werteten in einer Meta-Analyse 105 Studien über Schülervorstellungen zu NOS aus. In diesen zeigt sich bei Lernenden wenig Bewusstsein für die gesellschaftliche Einbettung wissenschaftlicher Erkenntnisprozesse und eine soziale, in Institutionen verankerte Praxis, in der Forschende miteinander aushandeln, was sie als gültiges Wissen erachten. Eine Praxis, die (auch) von gegenseitiger Kontrolle geprägt ist. Aus weiteren Untersuchungen geht hervor, dass Lernende bis zum Abitur kaum Lerngelegenheiten bekommen, die zu einem besseren Verständnis von NOS beitragen; es sei denn, ihre Lehrkräfte haben in ihrer eigenen Lehrerbildung spezielle Angebote zu NOS erhalten oder nutzen können (Akerson et al. 2009). So offenbart die Forschungslage bereits seit langem, dass didaktische Konzeptionen von NOS häufig nicht mit dem Wissenschaftsverständnis von Lehrkräften übereinstimmen. Zudem agieren Lehrkräfte im Unterricht häufig wenig sensibel in Bezug auf NOS bzw. bereitet ihnen das Unterrichten von NOS generell Schwierigkeiten (vgl. Billion-Kramer et al. 2020; Lederman 2007;

© Der/die Autor(en), exklusiv lizenziert durch Springer Fachmedien Wiesbaden GmbH, ein Teil von Springer Nature 2021
T. Billion-Kramer, *Nature of Science,* essentials,
https://doi.org/10.1007/978-3-658-33397-3_4

Lederman et al. 2013). Außerdem übertragen Lehrkräfte ihre angemessenen Vorstellungen zu NOS nicht automatisch in ihre Unterrichtspraxis (z. B. Bartos und Lederman 2014). Die grundsätzliche Bedeutung von NOS wird von Lehrkräften im Vergleich zu naturwissenschaftlichem Konzeptverständnissen, wie „Bewegung" oder „Evolution" zudem nur als untergeordnetes Ziel naturwissenschaftlicher Bildung angesehen (Lederman et al. 2013).

Bereits vor drei Jahrzehnten kam Lederman (1992) in einer Zusammenfassung der damaligen Forschungslage zu dem Fazit, dass Planung und Durchführung des konkreten naturwissenschaftlichen Unterrichts die Entwicklung des NOS-Verständnisses bei Lernenden entscheidend beeinflussen. Es bedarf somit eines Professionswissens, um effektive Lerngelegenheiten zu NOS anzubieten und ein NOS-förderliches und erkenntnistheoretisches Klima im Klassenraum zu pflegen. An Lederman anknüpfend und die aktuelle Studienlage einbeziehend definieren McComas et al. (2020) als wichtige Gelingensbedingungen das a) explizite, b) reflektierende und c) kontextualisiertes Lernen über NOS. En Detail:

Explizite Thematisierung von NOS-Aspekten
Die Forschungslage zeigt recht eindeutig, dass Lernangebote NOS-Aspekte explizit thematisieren sollten und nicht nur implizit (beispielsweise durch das Verfolgen naturwissenschaftlicher Denk- und Arbeitsweisen). Intuitiv liegt zwar zunächst nahe, dass sich ein Verständnis über das Wesen naturwissenschaftlicher Erkenntnisprozesse durch das Verfolgen naturwissenschaftlicher Erkenntniswege entwickelt. Allerdings entsprechen Lernprozesse in Kindergarten und Schule häufig gerade nicht wissenschaftlichen Erkenntnisprozessen, wenn beispielsweise angebotene Lernmaterialien zu Versuchen im Stil von Kochbüchern verfasst sind oder die Sprache der Lehrkraft unbewusst unangemessene Vorstellungen über Naturwissenschaft und Forschende transportiert (Clough 2006; Khishfe und Abd-El-Khalick 2002).

Reflexionen über NOS
Lernende sollten durch NOS-Aspekte kognitiv herausgefordert werden und diese nicht nur memorieren. Was grundsätzlich für Lernen als aktivem Prozess gilt, bedeutet in Bezug auf NOS beispielsweise, dass Lernende anhand von NOS-Aspekten ihre Vorstellungen von naturwissenschaftlichen Erkenntniswegen hinterfragen, eigene Erkenntniswege mit jenen von Forschenden vergleichen und daraus Schlüsse in Bezug auf naturwissenschaftliche Erkenntnisgewinnung ziehen. Empirisch lassen sich Effekte durch explizite Reflexionen gut belegen (Deng et al. 2011).

Naturwissenschaftliche Kontexte

In der didaktischen Theorie werden Minimalkonsens-Konzeptualisierungen auch deshalb kritisiert, weil sie die Kontexte naturwissenschaftlicher Erkenntnis und die damit verbundenen Nuancen und Ausnahmen unangemessen generalisieren (Allchin 2011; Dagher und Erduran 2016; Dittmer 2018). Wenn NOS beispielsweise durch Black-Box-Experimente (vgl. Kap. 5; Die Mystery Tube) dekontextualisiert unterrichtet wird, stellt ein solches Vorgehen Lernende vor die Schwierigkeit, eine Verbindung zu naturwissenschaftlichen Erkenntnis- und Modellbildungsprozessen herzustellen (Koch et al. 2015). Die Verbindung zu Kontexten sollte somit bei Black-Box-Experimenten mitgedacht werden. Grundsätzlich sind Lernprozesse zu NOS nur sinnvoll, wenn Beziehungen zur Naturwissenschaft erkannt und als authentisch wahrgenommen werden – und nicht als von naturwissenschaftlichen Erkenntnisprozessen isoliertes Artefakt. Für NOS im Kontext spricht zudem die Chance authentische Erkenntniswege zu verstehen: Wo strauchelten Forscher, vor welchen Problem standen sie? Mit wem stritten sie? Welchen Methoden bedienten sie sich und was schlussfolgerten sie aus ihren Beobachtungen? Authentische Erkenntnisprozesse bzw. Kontexte aktueller und historischer Forschung bilden außerdem die Grundlage des Wesens der Naturwissenschaft, also von NOS. Geforscht wird in speziellen Kontexten mit speziellen Fragestellungen und nicht dekontextualisiert. Dennoch mahnt Clough (2006) in der Praxis zur Vorsicht: Wenn Lernende sich erstmals mit NOS auseinandersetzen und dies bereits kontextualisiert geschieht, bestehe die Gefahr, neue unangemessene NOS-Vorstellungen zu entwickeln. Und auch empirisch waren Studienergebnisse zunächst nicht eindeutig. Weder Bell et al. (2011) noch Khishfe und Lederman (2006) konnten zeigen, dass kontextualisierte NOS-Arrangements zu einem besseren NOS-Verständnis führen als dekontextualisierte. In einer Folgestudie kommen Bell et al. (2016) allerdings zu Befunden, dass kontextualisierte NOS-Arrangements das Verständnis von Konzeptwissen fördern können und die Verbindung von NOS mit diesen Konzepten erleichtert wird. Für einige Lernende und Lehrende seien aber zunächst dekontextualisierte Arrangements leichter zugänglich (McComas et al. 2020).

Exkurs 1: NOS im Vorschul- und frühen Grundschulalter

Bereits im Kindergartenalter entwickeln Lernende Vorstellungen zu NOS-Aspekten. Nicht anders als bei Erwachsenen oder älteren Kindern entsprechen auch diese häufig nicht realer Forschungspraxis, wie Akerson et al. (2011) aus

Interviews mit Kindern im Kindergarten- und frühen Grundschulalter berichten. So stoßen die Autorinnen auf Präkonzepte, dass Forschende typischerweise zu Erkenntnis kommen, indem sie Antworten nachschlagen oder dass Künstlerinnen und Künstler kreativ seien, nicht jedoch Forschende. Die Autorinnen können aus ihren anschließenden Interventionen allerdings auch berichten, dass Kinder bereits im Alter von fünf Jahren damit beginnen, angemessene Vorstellungen über NOS zu entwickeln, sofern sie altersgemäße Lernangebote bekommen. So wurde in den Interventionen in kurzen Zwischenphasen auch explizit mit den Kindern über NOS reflektiert – ganz in Einklang mit anderen erfolgreichen NOS-Interventionen. Grundsätzlich orientierte sich die Arbeitsgruppe zur Strukturierung ihrer Lernangebote an den klassischen Minimalkonsens-Facetten, wie sie in Kap. 2 dargestellt sind. Altersgemäße Angebote zur *Differenzierung von Beobachtung und Schlussfolgerung, empirischem Vorgehen, Kreativität* sowie der *Veränderung* wissenschaftlichen Wissens zeigten sich für die Altersgruppe als geeignet. Die Aspekte *Subjektivität* und die *sozial-kulturelle Einbettung* wissenschaftlicher Erkenntnis scheinen dagegen schwieriger zugänglich, wobei es auch hier teilweise von gewünschten Entwicklungen berichtet wird – zumindest bei den Kindern im Grundschulalter. Auch die im folgenden Praxiskapitel vorgestellte *Mystery Tube* war Teil der Interventionsprogramms.

Exkurs 2: Defizite in Schulbüchern

Abd-El-Khalick et al. (2008) weisen Schulbüchern als zentralem Lehrmittel eine wichtige Rolle in der Vermittlung eines angemessenen NOS-Verständnisses zu. Internationale Studien zeigen allerdings, dass NOS-Aspekte hier weitgehend unberücksichtigt bleiben (McDonald und Abd-El-Khalick 2017). Dies verwundert insbesondere, da Schulbuchverlage, Autorinnen und Autoren aktuelle Bildungsstandards kennen und in deren Sinne ihre Werke konzipieren sollten (Olson 2018). Im deutschsprachigen Raum haben Marniok und Reiners (2016) Schulbücher für den Chemieunterricht in Nordrhein-Westfalen untersucht. Methodisch angelehnt an die Studie von Abd-El-Khalick et al. (2008) analysierten sie anhand von Minimalkonsensaspekten zehn Reihen für das Gymnasium in ihrer jeweils aktuellsten Ausgabe. Die Ergebnisse der Studie enttäuschen: Kein einziges der untersuchten Schulbücher behandelt alle der maßgeblichen NOS-Aspekte. Wenn NOS-Aspekte doch angesprochen werden, dann eher anekdotenhaft oder in Kapiteleinführungen; teilweise stellen sie die Forschungspraxis und Erkenntnisprozesse falsch dar. Nur die Darstellung von Modellen und Theorien sowie die Differenzierung zwischen Beobachtungen und Schlussfolgerungen gelang insgesamt recht gut. Außerdem fällt „Chemie heute" zumindest punktuell positiv auf, durch eine recht ausführliche Darstellung der Paradigmentheorie von Kuhn (2017/1962). Das Fazit der Studie fällt deutlich aus:

> Sieht man von den Ausführungen zu Modellvorstellungen ab, wird die Natur der Naturwissenschaft insgesamt von den meisten Autoren bislang offenbar nicht als relevantes Thema angesehen. Von der Annahme ausgehend, dass Schulbücher zu den wichtigsten Lehr-/Lernmitteln gehören, sind in Anbetracht der oben geschilderten Defizite die Verlage und Autoren gefragt, der Natur der Naturwissenschaften eine prominentere Stellung zukommen zu lassen. […] Wenn die Schulbücher die in den Bildungsstandards geforderten Kompetenzbereiche (insbesondere Erkenntnisgewinnung) adressieren wollen, dann werden die zuvor geschilderten Defizite notwendigerweise aufzuarbeiten sein. Nur auf diesem Wege können sie ihre Funktion als wichtige Lehrmittel weiterhin erfüllen. (Marniok und Reiners 2016, S. 69)

Kurzum: Empirische Befunde zeigen in Bezug auf NOS erhebliche Defizite bei Lernenden, ihren Lehrkräften und der Lehrerbildung aber auch in Bezug auf wichtige Unterrichtsmaterialien. Und dies obwohl unzureichendes Professionswissen und wichtige Gelingensbedingungen in Bezug auf NOS seit langem bekannt sind. Das Urteil von Marniok und Reiners (2016) über aufzuarbeitende Defizite in Hinblick auf Schulbücher lässt sich somit auf die gesamte Lehrerbildung und das Bildungswesen übertragen – und als Aufruf zur Revolution verstehen!

Für das Lernen über das Wesen der Naturwissenschaften liegen zahlreiche Praxisideen vor. Mit der Skizze drei solcher Ideen und anschließenden Literaturhinweisen endet dieses *essential*. Die folgenden drei Beispiele zeigen ein Spektrum möglichst unterschiedlicher Wege. Ihre Grundideen lassen sich jeweils altersentsprechend für Lernende in Grundschule und Sekundarstufen adaptieren, teilweise sogar für den Kindergarten.

Ein Klassiker zur wissenschaftlichen Modellbildung: Die Mystery Tube
Die Unterrichtsidee *Mystery Tube* ist Beispiel für ein Black-Box-Experiment. Im Beispiel gilt es herauszufinden, wie der innere Aufbau der geheimnisvollen Röhre aussehen könnte, um ihre Funktion zu erklären. Der Vorschlag wurde bereits in den 1980er Jahren von Lederman entwickelt (vgl. Lederman et al. 2020), er widmet sich wissenschaftlicher Modellbildung auf Basis unvollständiger Daten. Inzwischen finden sich im Internet zahlreiche Umsetzungsbeispiele. Mit dem Experiment kann u. a. demonstriert werden, dass wissenschaftliche Modelle imaginieren und keine photorealistischen Abbildungen darstellen (vgl. Kap. 2), weshalb auch am Ende des Unterrichts nicht (!) geklärt wird, wie das Innere der *Tube* tatsächlich funktioniert. So wird insbesondere der Minimalkonsensaspekt *Empirie und Imagination* beleuchtet. Das Vorgehen kann zukünftige Diskussionen über wissenschaftliche Modelle und Theorien im Sach- oder Naturwissenschaftsunterricht grundlegen. Außerdem können Minimalkonsensaspekte wie Veränderbarkeit, Subjektivität, sozial-kulturelle Einbettung sowie die Differenzierung zwischen Beobachtung und Schlussfolgerung direkt thematisiert werden (vgl. Kap. 2).

Konstruktion: Die *Mystery Tube* wird aus einer Rohre (z. B. dem Inneren einer Toilettenpapierrolle) konstruiert, aus der zwei jeweils am Ende verknotete

T. Billion-Kramer, *Nature of Science,* essentials, https://doi.org/10.1007/978-3-658-33397-3_5

Schnüre kommen (siehe Abb. 5.1). Ein Ring oder eine zurechtgebogene Büro-
klammer verbindet die zwei Schnüre im Inneren (für die Lernenden natür-
lich nicht sichtbar). Die Enden der Röhre sind fest und für immer verschlossen.
Wichtig ist, dass die Schnüre nicht zu lang sind, damit der Ring in der Mitte
bewirkt, dass die Schnüre sich beeinflussen können.

Mögliche Vorgehensweisen: Eine *Mystery Tube* wird präsentiert. Noch bevor
die Lehrkraft oder die Lernenden an einer der Schnüre ziehen, werden sie um
exakt eine Beobachtung gebeten. Vermutlich werden die Lernenden schnell damit
beginnen, Hypothesen über das Innere aufzustellen bzw. darüber, was passiert,
wenn an einer der Schnüre gezogen wird. Hier wird das Unterrichtsgeschehen zur
Beobachtung zurückgelenkt. Die Differenzierung von Beobachtung und Schlussfolgerung kann explizit aufgegriffen werden; gegebenenfalls hier oder später.

Die Lernenden werden dann gebeten zu beobachten, was passiert, wenn
an einer der Schnüre gezogen wird (bzw. können zunächst Hypothesen dazu
formulieren). Jetzt kann auf einer Ebene abwechselnd an den Schnüren gezogen
werden. Vermutlich erwartungskonform bewegt sich die Schnur auf derselben
Ebene hin- und her. Erst im Anschluss wird nacheinander auf unterschiedlichen
Ebenen an den Schnüren gezogen, was Verwirrung provozieren soll.

Die Lernenden werden gebeten ein Modell vom Inneren der Röhre zu entwerfen und zu zeichnen. Verschiedene Modelle können an der Tafel oder Kreis-
mitte präsentiert werden. Es kann diskutiert werden, warum unterschiedliche
Vorschläge entstehen. Ein expliziter Link zu wissenschaftlichen Erkenntnisprozessen bietet sich an: „Kommen Forschende bei ihren Fragen auch auf unterschiedliche Ideen?"

Abb. 5.1 *Mystery Tube.*
Die Lernenden sehen
nur die Schnüre mit den
Endknoten außerhalb der
Röhre, nicht das Innere.
(Zeichnung: Raphaëlle
Henot nach Lederman et al.
2020)

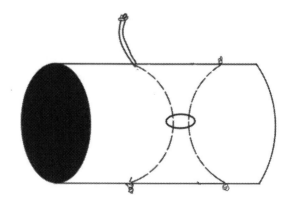

Jetzt gilt es, eine Konstruktion der Entwürfe zu initiieren: „Wie kann heraus-gefunden werden, welches Modell bzw. welche Modelle funktionieren?" – Wenn der Unterricht idealtypisch läuft, kommt recht bald ein Vorschlag von den Lernenden, selbst Modelle zu bauen und die Modell-Hypothesen zu testen. Gegebenenfalls wird selbst die Suche nach geeignetem Material komplett von den Lernenden übernommen. Sobald die Modelle der Lernenden fertig sind, kann die Funktionsweise mit der Ausgangsröhre verglichen werden. Im Sinne von NOS bieten sich Fragen an, wie: „Wenn Dein Modell funktioniert wie die Aus-gangsröhre, weißt du dann wie diese von innen aussieht?"

Grundsätzlich können Lernende beim Umgang mit solchen Black-Box-Modellen allerdings Schwierigkeiten haben, ein am Einzelfall entwickeltes Modellverständnis auf andere Kontexte zu übertragen (Koch et al. 2015). Im Chemie-Unterricht der Sekundarstufe kann die *Mystery Tube* stellver-tretend für die Konstruktion eines Atommodells stehen. In diesem Fall erfolgt der Einstieg über ein Atommodell, Überlegungen wie Forschende auf solche Modelle gekommen sind und gegebenenfalls einem Hinweis, dass noch kein(e) Forschende(r) je ein Atom gesehen hat. Im Anschluss folgt der *Mystery-Tube-*Unterricht, bevor am Ende wieder auf die Analogie zur Entwicklung von Atom-modellen eingegangen wird (Lederman et al. 2020). So kann die *Mystery-Tube* ausdrücklich im Kontext unterrichtet werden.

Im Sinne von Clough (2006; vgl. McComas et al. 2020) kann sie allerdings auch als Einstig in NOS und zunächst dekontextualisiert unterrichtet werden: Um zunächst eine Idee für NOS zu bekommen, und um späteren Unterricht vorzu-bereiten, sodass im Umgang mit Modellen immer wieder an die *Mystery Tube* erinnert werden kann.

Linnés Wiesenblumen: Ein Exempel für Lehrkunstdidaktik und NOS
Jenseits der naturwissenschaftsdidaktischen Diskussion um NOS entwickelten Berg und Schulze (1995) aus der Verbindung von Wagenscheins genetischem Lernen (siehe Abschn. 3.2) und dramaturgischen Inszenierungen (Hausmann 1959) die Lehrkunstdidaktik. Es entstanden Unterrichtsbeispiele, sogenannte Lehrstücke, zu zentralen Fragen und Stationen der Wissenschafts- bzw. Mensch-heitsgeschichte. Stationen, die neue Erkenntniswege bahnten, neue Antworten fanden oder durch die sich neue, bedeutende Sichtweisen entwickelten. Durch die Kombination von genetischem und dramaturgischem Lernen wird aus Wagen-scheins Prinzip „Genetisch-Sokratisch-Exemplarisch" das Lehrkunstprinzip „Exemplarisch-Genetisch-Dramaturgisch". Wie ein Drama ist ein Lehrstück in Akte und Szenen möglichst so unterteilt, dass der Spannungsbogen vom Beginn des Unterrichts bis zu seinem Ende reicht; ein Lehrstück hat die Gestalt eines

„improvisationsoffenen Mitspielstückes" (Berg 2003, S. 34), das im konkreten
Unterricht eine eigene Dynamik entwickelt. Otto (1998) hebt die – für Wagenscheins Pädagogik typische – Erkenntnisperspektive einer lernenden Gemeinschaft hervor, der ein gemeinsames intensives Fragen, Handeln und Erproben
zugrunde liegt. Susanne Wildhirt (2007) hat Lehrstücke zur Naturwissenschafts-
geschichte (weiter-)entwickelt. Beispielsweise ihre Komposition „Linnés Wiesenblumen" kann explizit als Lernen über NOS verstanden werden: Im Zentrum
des Lehrstücks steht die Idee des modernen Taxonomierens sowie ihr Begründer
Carl von Linné (1707–1778). Das Taxonomieren wird nicht als „Ready-Made
Science" (Latour 1987) unterrichtet, sondern als „Science in the making" (Latour
1987) und Erkenntnisprozess einer Gemeinschaft inszeniert, *exemplarisch* („mit"
Linné), *genetisch* („wie" Linné) und *dramaturgisch* („als" Linné). Bis ins 20.
Jahrhundert hinein bestimmte das Taxonomieren maßgeblich die Botanik. Durch
Linnés Werk ließen sich Pflanzen- und Tierarten eindeutig durch Gattungs- und
Artdiagnosen voneinander abgrenzen und mit seiner binären Nomenklatur
bezeichnen. Linnés Lebenswerk steht im Zentrum aller systematischen Forschung
der Biologie (Linsley und Usinger 1959). Insbesondere unter NOS-Aspekten
ist zudem interessant, dass Linné selbst die von ihm entwickelte Taxonomie nur
als Notbehelf betrachtete „wohl wissend, dass wahrscheinlich kein System der
Botanik je eine Naturgeschichte sein würde" (Wildhirt 2007, S. 72; vgl. Kap. 2
„Empirie und Imagination").

Susanne Wildhirt (2007, S. 77) hat die Idee von Berg aus Didaktikseminaren
(mit Danneberg und Domes) aufgegriffen, federführend zum Lehrstück *Linnés
Wiesenblumen* weiterentwickelt und mehrfach inszeniert. Didaktische Vorlage für
das Lehrstück stellen Rousseaus Botanische Lehrbriefe dar. Kinder der 5. Klasse
entwickeln sich im Lehrstück sukzessive zu Pflanzenkennern und Taxonomen. In
einer späten Fassung des Lehrstücks folgt diese Entwicklung einer Dramaturgie
in fünf Akten: Diese beginnt im I. Akt mit einem Klassenausflug zu einer Blumen-
wiese; beteiligt ist auch die Kunstlehrerin. Es erfolgt zunächst ein an Gustav Klimt
angelehnter ästhetischer Zugang: „Die große Wiesenmalerei". Der Akt endet mit
einer Sammlung von Wiesenblumen für den folgenden Unterricht im Klassenraum. Dort folgt im II. Akt eine Diskussion mit den Kindern über bekannte und
unbekannte Pflanzennamen sowie grundsätzlich über Namensgebungsprozesse:

Anika erklärt dieses Phänomen: „Die Leute haben sich eine unbekannte Pflanze
genau angeschaut und einen Namen für sie ausgesucht, der ihrer Meinung nach gut
zu ihr passt. Die Nachbarn haben dann den gleichen Namen benutzt, wenn er gut
war. Ich denke, dass sich so besonders treffende Namen in einem Dorf oder in einer
ganzen Gegend durchgesetzt haben." Stefan ergänzt: „Das erklärt auch, weshalb es

manchmal verschiedene Namen für eine Pflanze gibt. Wenn ein Name nicht so gut war, dann hat ihn niemand benutzt, dann konnte er sich nicht durchsetzen und ist wieder verschwunden." (Wildhirt 2007, S. 111)

Um später eine Pflanze als Expertin oder Experte vorstellen zu können und einen Steckbrief zu gestalten, entwickelt die Klasse aus der Diskussion über Pflanzennamen das weitere Vorgehen. So hat Thomas vorgeschlagen, dass der selbst zu vergebende Name festgelegt wird, bevor Bestimmungsliteratur konsultiert wird, „damit man sich nicht beeinflussen lässt" (zit. nach Wildhirt 2007, S. 112).

Im III. Akt tritt Leonhart Fuchs (1501–1566) auf. Er erzählt aus seiner Zeit, der Renaissance, und seiner Heilkräuter-Vorlesung, in der Studenten Pflanzen kennen lernen, aus denen Medizin hergestellt wird. Fuchs liest aus seinem Kräuterbuch und interessiert sich für die bisherigen Erkenntnisse der Klasse. Gemeinsam sichten sie aktuelle Werke über Kräuter und Pflanzen, die seine Ordnung und Wissen teilweise übernommen haben und erstellen eigene Regeln zum Verfassen eines Pflanzen-Portraits, der darauf folgenden Aufgabe. Am Ende werden leichte Wirkungen der Heilpflanzen getestet und es entsteht ein „Fuchs-Tisch".

Im IV. Akt tritt Carl von Linné (1707–1778) auf, auch dieser erzählt von sich und von seiner Unfähigkeit, sich die Namen all der Pflanzen im Pfarrgarten seines Vaters zu merken. So kommt er zu der Frage, die ihn als Kind schon interessierte: Was könne er tun, um sich Pflanzen besser zu merken. Linné lobt dabei die Arbeiten von Fuchs und dessen hervorragende Pflanzen- und Heilkräuterkenntnisse, schildert aber auch, dass Fuchs bei seinem eigenen Anliegen nicht wirklich helfe, die Pflanzen ordnen zu wollen, schließlich umfasse sein eigenes Herbarium inzwischen etliche tausend Pflanzen. Wie könne er diese nun sinnvoll ordnen und wiederfinden? Bei den Kindern findet Linné Verständnis, diese berichten von ihren eigenen Schwierigkeiten, in Fuchs' Kräuterbuch ihre Pflanzen zu finden – und ganz unsystematisch von vorn nach hinten blättern mussten.

Seine eigene Entdeckung führt Linné später pantomimisch vor: Er studiert am Pflanzentisch die Blütenform der gelb blühenden Wiesen-Platterbse genau und zeigt diese den Kindern in zwei Gesten: Schiffchen (er formt die Hände zum Schiffsrumpf) und Fahne (ein aufrecht gewölbtes Segel, das sich über dem Schiffsrumpf erhebt). Anschließend wendet er sich den Fiederblättchen zu, stellt die Pflanzen aber zunächst zurück ins Väschen. Am weißen Berg-Klee hält er dann inne, stutzt,

kratzt sich am Kinn, hebt die Pflanze empor, formt wieder mit den Händen Schiffchen und Fahne, ergreift die Wiesen-Platterbse ein zweites Mal, zögert, zählt die ungleiche Anzahl der Fiederblättchen beider Pflanzen, schaut verunsichert in die

Runde – ein Raunen geht durch die Klasse, als er entschlossen eine Blumenvase aus dem Weidenkorb unter dem Tisch hervorholt und die beiden Pflanzen gemeinsam in die Vase stellt. Oder doch nicht? – ‚Linné' schaut sich fragend um, holt beide Pflanzen wieder aus der Vase und zeigt sie, eine in der linken, eine in der rechten Hand, den Kindern, die es nicht mehr auf den Plätzen gehalten hat und die nun im Kreis um den Tisch herumstehen, um sie alsdann fest entschlossen und endgültig wieder gemeinsam in die Blumenvase zu stellen. Dann blickt er sich unter den Zuschauern um. (Wildhirt 2007, S. 121)

Anschließend schlüpfen Kinder in Linnés Rolle und führen seine Systematisierung fort, in Stille, aber stetem Austausch mit den anderen Kindern per Handzeichen. Die Klasse ordnet bis zum Ende der Szene verschiede Pflanzen den Korbblütlern zu.

Lediglich ein ‚Fehler' ist passiert: Die Acker-Witwenblume hat Dennis ebenfalls unseren Korbblütlern zugeordnet. Ich lasse dies für heute unkorrigiert stehen, denn die Forschung selbst brauchte rund 200 Jahre, bis sie die Kardengewächse von den Korbblütlern trennte und aufgrund der Inhaltsstoffe seither als eigene Familie führt. (Wildhirt 2007, S. 122)

Für den folgenden Unterricht haben Emre und Steffen den Vorschlag, sich in die Rolle von Fuchs und Linné zu versetzen und dem jeweils anderen auf der Wiese am Wingertsberg zu begegnen. Was würden sie sich sagen und fragen? Die Kinder der Klasse entwickeln und proben sechs solcher Begegnungen, eine wird der Parallelklasse vorgeführt.

Dieser Ausschnitt kann das Studium von Wildhirts Lehrstück nicht ersetzen, geschweige denn die zugrundeliegende didaktische und methodische Tiefe sowie die Zugänge der Kinder wiedergeben. Dennoch zeigt das Exempel bereits, dass Wildhirts Lehrstück nicht nur als Beispiel hochentwickelter Unterrichtskultur verstanden werden kann, sondern auch als Unterricht zum Wesen der Naturwissenschaft *par excellence*. Der Entdeckungszusammenhang und NOS-Aspekte wie das Wechselspiel zwischen Naturbeobachtung und Vorstellungsvermögen eines Forschenden werden explizit, reflektierend und im Kontext einer Grundidee der Naturwissenschaften inszeniert, also im Sinne wichtiger empirisch fundierter Gelingensbedingungen für Lernen zu NOS (siehe Kap. 4). Die Entwicklung einer Theorie und der paradigmatische Wechsel des Blickes auf Pflanzenfamilien wird als Prozess erfahren. Die Lern- bzw. Forschergemeinschaft sucht, diskutiert, findet und korrigiert Antworten. Entstehende Erkenntnisse werden von der Lerngemeinschaft anhand ihrer inneren Stimmigkeit bewertet (und nicht zwangsweise von der Lehrerin mit dem Paradigma aktueller Systematisierung korrigiert;

Stichwort: Acker-Witwenblume). Wildhirts Inszenierung wird den Parallelen in Erkenntnisprozessen von Naturwissenschaft und Kindern gerecht, also Erkenntnisprozessen der Menschheit mit dem wissenschaftlichen Blick von Forschenden und Verstehensprozessen heutiger Lernender mit ihrem fragenden Blick.

Timo Leuders (2013, S. 11–12, Hervorhebung im Original) diskutiert den grundsätzlichen Ansatz der Lehrkunstdidaktik (neben einer eigenen Wertschätzung und insbesondere einem Lob der Fachlichkeit) allerdings auch kritisch:

> Didaktik ist auch (und ich finde inzwischen vor allem) eine *Wissenschaft*. [...] zur Didaktik als Wissenschaft gehört auch: die Empirie. [...] Wissenschaft ist gekennzeichnet durch das Bemühen, grundsätzliche Erkenntnisse hervorzubringen, übertragbare Prinzipien aufzudecken, die dann wiederum in Anwendung münden können. Sicherlich kann man der Lehrkunstdidaktik nicht auferlegen, das zu tun, was fachdidaktische Forscherinnen und Forscher an Hochschulen tun, das ist weder ihr Ziel noch ihre Arbeitsweise. Dies darf allerdings nicht bedeuten, dass sich Unterrichtsentwicklung von dem wissenschaftlichen Blick auf das Lehren und Lernen abkoppelt. Die empirische Fachdidaktik hat hier nämlich sehr viel Wissen über das Denken von Schülerinnen und Schülern, über deren Lernwege und Lernhürden zu Tage gefördert, das bei der Entwicklung von Lernumgebungen von hohem Wert sein kann

Eine Vertiefung der Lehrkunstidee sowie zahlreiche Zusammenfassungen von Lehrstücken finden sich unter www.lehrkunst.org.

Reflection Corner

Für erfolgreiche Lernprozesse zu NOS, gilt es entsprechende Aspekte explizit, reflektiert und kontextualisiert zu thematisieren (vgl. Kap. 4). Eine praktische und strukturierende Unterrichtsidee NOS-Aspekte zum jeweiligen Unterrichtsthema zu thematisieren bietet die *Reflection Corner* oder Gedankenecke der Arbeitsgruppe um Höttecke: Dazu wird im hinteren Teil des Unterrichtsraums eine Ecke mit Wandtafel oder Pinnwand zu NOS eingerichtet. In passenden Unterrichtsphasen unterbricht die Klasse das aktuelle Unterrichtsthema, richtet die Köpfe in diese Ecke und reflektiert auf einer Metaebene erkenntnistheoretische Fragen und NOS-Aspekte. So kann es gelingen, NOS-Aspekte explizit und reflektierend anzusprechen und in den jeweiligen Unterrichtskontext einzubetten (Höttecke et al. 2012; Höttecke und Barth 2011). Mit der Gedankenecke kann einer zentralen Kritik an Minimalkonsens-Listen begegnet werden: Allchin (2011) problematisiert, dass vermutlich wenig Relevantes über NOS verstanden werde, wenn wissenschaftliche Erkenntnisprozesse aus ihren erkenntnistheoretischen, sozialen oder historischen Kontexten gelöst und im Unterricht als Liste präsentiert und für einen Test auswendig gelernt werden. Werden die Minimalkonsens-Aspekte als erkenntnistheoretische Grundideen beispielsweise im Sinne eines Spiralcurriculums für wiederkehrende erkenntnistheoretische Fragen im naturwissenschaftlichen Unterricht genutzt, kann der Minimalkonsens Orientierung geben (Billion-Kramer 2020).

Weitere Unterrichtsideen

Einen ergänzenden und prägnanten Überblick über weitere Unterrichtsideen zu NOS liefern Gebhard et al. (2017) in ihrer „Pädagogik der Naturwissenschaft". Höttecke und Allchin haben zu ihrem in Abschn. 3.4 dargestellten *Science Media Literacy*-Konzept eine Reihe von Unterrichtsideen entwickelt, beispielsweise ein Vertrauenswürdigkeitsquiz mit Berichten seltsamer Kreaturen aus dem 16. Jahrhundert, einige mit, einige ohne realer Entsprechung, um verschiedene Strategien der Täuschung zu durchschauen. Erste dieser Ideen sind in Allchin (2020) veröffentlicht.

Zum Abschluss und zum Weiterlesen

Panorama statt Essenz

Dies ist lediglich ein *essential,* so habe ich an zahlreichen Stellen Hinweise für Vertiefungen und weiterführende Literatur gegeben. Wenn Sie gleich einen Blick in das gesamte Panorama von *Nature of Science* werfen möchten, schauen Sie in den von William McComas (2020a) herausgegebenen und 750-Seiten starken Band *Nature of Science in Science Instruction.* Mehr als 60 Expertinnen und Experten für NOS haben sich daran beteiligt.

Minimalkonsens vs. Nature of (Whole) Science

Der Diskurs einer *Scientific Community* ist nicht nur Merkmal der Naturwissenschaften, sondern lässt sich auch in Bezug auf NOS selbst besonders plakativ in der Naturwissenschaftsdidaktik beobachten: So wurde von Allchin (2011) eine lebhafte Diskussion explizit gegen Minimalkonsenslisten und gegen eine Differenzierung zwischen NOS und den naturwissenschaftlichen Denk- und Arbeitsweisen *(Nature of Scientific Inquiry; NOSI)* angestoßen. Dies ist jedoch ein *essential* und ich wollte den Konflikt nicht zur Essenz von NOS und diesem Band machen – auch wenn er ab und zu anklingt. Wer sich für die Argumentationen und Auseinandersetzung interessiert, findet ausführlichere Kritik am Minimalkonsens z. B. in Allchin (2011, 2012), Antworten der Minimalkonsens-Verfechtenden finden sich z. B. direkt in Schwartz et al. (2012) und grundsätzlich in McComas (2020b). Dieses *essential* soll dagegen insbesondere eine erste Orientierung und den Einstig in das Lernen über NOS geben. Dazu halte ich den Minimalkonsens weiterhin für sinnvoll und lese ihn z. B. nicht als

Vorschlag, die Aspekte als isolierte Liste auswendig lernen zu lassen. Unberührt davon inspiriert und bereichert Douglas Allchin das Lernen über NOS dankenswerterweise und regelmäßig mit vielfältigen Ideen, Konzepten und Unterrichtsvorschlägen (z. B. in Allchin 2013b, 2017).

Was Sie aus diesem *essential* mitnehmen können

- Naturwissenschaften sind soziales Konstrukt. So wird ihr Wesen von Auseinandersetzung mit Natur in einer *Scientific Community* geprägt – und damit verbundener Skepsis, Vertrauen, gegenseitiger Kontrolle, Inspiration, Diskussion und Rhetorik.
- Ein angemessenes Verständnis naturwissenschaftlicher Erkenntnisprozesse ist für Lernende und die breite Öffentlichkeit moderner, naturwissenschaftlich geprägter Gesellschaften wichtig. Nur so können wissenschaftliche Erkenntnisprozesse gewürdigt, ihre Grenzen reflektiert und unangemessenen Erwartungen vorgebeugt werden – insbesondere in unsicheren Zeiten.
- Es gelingt nicht, *Nature of Science* einheitlich zu definieren. Eine Orientierung für schulisches Lernen wird allerdings über die Explikation zentraler Aspekte in einem Minimalkonsens angeboten – und durch Alternativen dazu.
- Explizite, zur Reflexion anregende und in Kontexte eingebettete NOS-Unterrichtsinhalte gelten seit langem als wichtige Bedingung für erfolgreiches Lernen zu NOS. Empirische Befunde zeigen dennoch deutliche Defizite bei Lernenden, ihren Lehrkräften, in der Lehrerbildung und in wichtigen Unterrichtsmaterialien – offenbar bedarf es einer Revolution.
- Die Auseinandersetzung mit dem Wesen der Naturwissenschaft kann erfolgreich, differenziert und sehr unterschiedlich gestalten werden – konkrete Vorschläge dazu liegen vor.

T. Billion-Kramer, *Nature of Science,* essentials, https://doi.org/10.1007/978-3-658-33397-3

Literatur

Abd-El-Khalick, F., Waters, M. & Le, A.-P. (2008). Representations of nature of science in high school chemistry textbooks over the past four decades. *Journal of Research in Science Teaching, 45*(7), 835–855. https://doi.org/10.1002/tea.20226.

Adúriz-Bravo, A. (2014). Teaching the Nature of Science with Scientific Narratives. *Interchange, 45*(3–4), 167–184. https://doi.org/10.1007/s10780-015-9229-7.

Akerson, V. L., Buck, G. A., Donnelly, L. A., Nargund-Joshi, V. & Weiland, I. S. (2011). The Importance of Teaching and Learning Nature of Science in the Early Childhood Years. *Journal of Science Education and Technology, 20*(5), 537–549. https://doi.org/10.1007/s10956-011-9312-5.

Akerson, V. L., Cullen, T. A. & Hanson, D. L. (2009). Fostering a community of practice through a professional development program to improve elementary teachers' views of nature of science and teaching practice. *Journal of Research in Science Teaching, 46*(10), 1090–1113. https://doi.org/10.1002/tea.20303.

Allchin, D. (2011). Evaluating knowledge of the nature of (whole) science. *Science Education, 95*(3), 518–542. https://doi.org/10.1002/sce.20432.

Allchin, D. (2012). Toward clarity on Whole Science and KNOWS. *Science Education, 96*(4), 693–700. https://doi.org/10.1002/sce.21017.

Allchin, D. (2013a). Contextualizing creationists. *American Biology Teacher* (75), 144–147.

Allchin, D. (2013b). *Teaching the nature of science: Perspectives & resources.* SHiPS Education Press.

Allchin, D. (2017). *Sacred Bovines: The Ironies of Misplaced Assumtions in Biology.* Oxford University Press.

Allchin, D. (2020). The Credibility Game. *The American Biology Teacher, 82*(8), 535–541. https://doi.org/10.1525/abt.2020.82.8.535.

American Association for the Advancement of Science. (1993). *Benchmarks for science literacy: A Project 2061 report.* Oxford University Press.

Ansari, S. (2010). Was heißt Frühförderung und naturwissenschaftliche Bildung im Kindergarten? *erzieherIn.de.* https://www.erzieherin.de/was-heisst-fruehfoerderung-und-naturwissenschaftliche-bildung-im-kindergarten.html.

Ansari, S. (2013). *Rettet die Neugier!: Gegen die Akademisierung der Kindheit* [eBook]. Fischer.

Bacon, F. (2019/1620). *Novum organum: New instrument.* Anodos Books.

Bell, R. L., Matkins, J. J. & Gansneder, B. M. (2011). Impacts of contextual and explicit instruction on preservice elementary teachers' understandings of the nature of science. *Journal of Research in Science Teaching, 48*(4), 414–436. https://doi.org/10.1002/tea.20402.

Bell, R. L., Mulvey, B. K. & Maeng, J. L. (2016). Outcomes of nature of science instruction along a context continuum: preservice secondary science teachers' conceptions and instructional intentions. *International Journal of Science Education, 38*(3), 493–520. https://doi.org/10.1080/09500693.2016.1151960.

Berg, H. C. & Schulze, T. (1995). *Lehrkunst. Lehrkunst und Schulvielfalt: Bd. 2.* Luchterhand.

Billion-Kramer, T. (2020). „War Buddha der erste Naturwissenschaftler?" – Eine Kontrastierung von Nature of Science und Zen. *Inter- und transdisziplinäre Bildung (itdb), 2*(1), 123–139. https://doi.org/10.5281/zenodo.4106396.

Billion-Kramer, T., Lohse-Bossenz, H., Dörfler, T. & Rehm, M. (2020). Professionswissen angehender Lehrkräfte zum Konstrukt Nature of Science (NOS): Entwicklung und Validierung eines Vignettentests (EKoL-NOS). *Zeitschrift für Didaktik der Naturwissenschaften.* Vorab-Onlinepublikation. https://doi.org/10.1007/s40573-020-00112-z.

Böttcher, G. (2018). *Die Zukunft hat gerade begonnen.* https://www.springerprofessional. de/vertriebsstrategie/vertriebssteuerung/die-zukunft-hat-gerade-begonnen/16293940.

Bromme, R. & Kienhues, D. (2008). Allgemeinbildung. In W. Schneider & M. Hasselhorn (Hg.), *Handbuch der pädagogischen Psychologie* (S. 619–628). Hogrefe.

Buck, P. & Aeschlimann, U. (2019). *Befruchtung und Entfaltung: Tema con variazione über zwei Metaphern Wagenscheinscher Didaktik* (1. Auflage). Kooperative Dürnau.

Bühring, P. (2017). Alles wegen Rita. *Deutsches Ärzteblatt* (5), 205.

Clough, M. P. (2006). Learners' Responses to the Demands of Conceptual Change: Considerations for Effective Nature of Science Instruction. *Science & Education, 15*(5), 463–494. https://doi.org/10.1007/s11191-005-4846-7.

Dagher, Z. R. & Erduran, S. (2016). Reconceptualizing the Nature of Science for Science Education. *Science & Education, 25*(1–2), 147–164. https://doi.org/10.1007/s11191-015-9800-8.

Deng, F., Chen, D.-T., Tsai, C.-C. & Chai, C. S. (2011). Students' views of the nature of science: A critical review of research. *Science Education, 95*(6), 961–999. https://doi.org/10.1002/sce.20460.

Dittmer, A. (2010). *Nachdenken über Biologie: Über den Bildungswert der Wissenschaftsphilosophie in der akademischen Biologielehrerbildung.* VS Verlag für Sozialwissenschaften/GWV Fachverlage GmbH Wiesbaden. https://doi.org/10.1007/978-3-531-92502-8.

Dittmer, A. (2018). Wirksamer Biologieunterricht sollte zum Nachdenken anregen. In M. Wilhelm (Hg.), *Unterrichtsqualität: Band 1. Wirksamer Biologieunterricht* (1. Aufl., S. 44–53). Schneider Verlag Hohengehren GmbH.

Duschl, R. A. & Grandy, R. (2013). Two Views About Explicitly Teaching Nature of Science. *Science & Education, 22*(9), 2109–2139. https://doi.org/10.1007/s11191-012-9539-4.

Feyerabend, P. (1987/1975). *Wider den Methodenzwang. Suhrkamp-Taschenbuch Wissenschaft: Bd. 597.* Suhrkamp.

Feyerabend, P. (2002). *absolute // Paul Feyerabend: Herausgegeben und mit einem biografischen Essay versehen von Malte Oberschelp. Absolute.* Orange-Press.

Fleck, L. (2017/1935). *Entstehung und Entwicklung einer wissenschaftlichen Tatsache: Einführung in die Lehre vom Denkstil und Denkkollektiv* (11. Aufl.). *Suhrkamp-Taschenbuch Wissenschaft: Bd. 312.* Suhrkamp.

Foucault, M. (1974). *Die Ordnung der Dinge: Eine Archäologie der Humanwissenschaften. Suhrkamp-Taschenbuch Wissenschaft: Bd. 96.* Suhrkamp.

Galison, P. (2003). *Einsteins Uhren, Poincarés Karten: Die Arbeit an der Ordnung der Zeit.* S. Fischer.

Gebhard, U., Höttecke, D. & Rehm, M. (2017). *Pädagogik der Naturwissenschaften: Ein Studienbuch.* Springer VS. http://dx.doi.org/10.1007/978-3-531-19546-9.

Gervé, F. (2021). Verstehen dürfen – Handeln können – Verantworten wollen. In T. Billion-Kramer (Hg.), *Unterrichtsqualität: Perspektiven von Expertinnen und Experten: Bd. 16. Wirksamer Sachunterricht* (1. Aufl., S. 51–61). Schneider Hohengehren.

Habermas, J. (2001/1968). *Erkenntnis und Interesse: Mit einem neuen Nachwort* (13. Aufl.). *Suhrkamp-Taschenbuch Wissenschaft: Bd. 1.* Suhrkamp.

Hausmann, G. (1959). *Didaktik als Dramaturgie des Unterrichts.* Quelle & Meyer.

Heering, P. & Kremer, K. (2018). Nature of Science. In D. Krüger, I. Parchmann & H. Schecker (Hg.), *Theorien in der naturwissenschaftsdidaktischen Forschung* (1. Aufl., S. 105–119). Springer. https://doi.org/10.1007/978-3-662-56320-5_7.

Heiligenthal, R., Lemke, F., Schieder, R. & Schneider, T. M. (1999). *Einführung in das Studium der Evangelischen Theologie.* Kohlhammer.

Hodson, D. (2011). *Looking to the future: Building a curriculum for social activism.* Sense Publ.

Höttecke, D. (2001). *Die Natur der Naturwissenschaften historisch verstehen: Fachdidaktische und wissenschaftshistorische Untersuchungen.* Zugl.: Oldenburg, Univ., Diss., 2001. *Studien zum Physiklernen: Bd. 16.* Logos-Verl.

Höttecke, D. & Allchin, D. (2020). Reconceptualizing nature-of-science education in the age of social media. *Science Education, 104*(4), 641–666. https://doi.org/10.1002/sce.21575.

Höttecke, D. & Barth, M. (2011). Geschichte im Physikunterricht: Argumente, Methoden und Anregungen, um Wissenschaftsgeschichte in den Physikunterricht. *Unterricht Physik* (126), 4–10.

Höttecke, D., Henke, A., Rieß, F., Drüding, U., Heise, F., Launus, A., Mocha, C., Nienhausen, M. & Stephan, T. (2012). Was ist Bewegung? Eine historische Fallstudie zum Trägheitskonzept und zum Lernen über die Natur der Naturwissenschaften. *Naturwissenschaften im Unterricht, 22*(126), 25–31.

Hoyningen-Huene, P. (1997). Thomas S. Kuhn. *Journal for General Philosophy of Science, 28*(2), 235–256. https://doi.org/10.1023/A:1008211309209.

Irzik, G. & Nola, R. (2011). A Family Resemblance Approach to the Nature of Science for Science Education. *Science & Education, 20*(7–8), 591–607. https://doi.org/10.1007/s11191-010-9293-4.

Irzik, G. & Nola, R. (2014). New Directions for Nature of Science Research. In M. R. Matthews (Hg.), *International Handbook of Research in History, Philosophy and Science Teaching* (S. 999–1021). Springer Netherlands.

Kapsala, N. & Mavrikaki, E. (2020). Storytelling as a Pedagogical Tool in Nature of Science Instruction. In W. F. McComas (Hg.), *Nature of Science in Science Instruction* (S. 485–512). Springer International Publishing. https://doi.org/10.1007/978-3-030-57239-6_27.

Khishfe, R. & Abd-El-Khalick, F. (2002). Influence of explicit and reflective versus implicit inquiry-oriented instruction on sixth graders' views of nature of science. *Journal of Research in Science Teaching, 39*(7), 551–578. https://doi.org/10.1002/tea.10036.

Khishfe, R. & Lederman, N. G. (2006). Teaching nature of science within a controversial topic: Integrated versus nonintegrated. *Journal of Research in Science Teaching, 43*(4), 395–418. https://doi.org/10.1002/tea.20137.

Kircher, E. (1977). Einige erkenntnistheoretische und wissenschaftstheoretische Auffassungen und deren mögliche Auswirkungen auf die Fachdidaktik der Naturwissenschaften. *chimica didactica* (3), 61–79.

Klafki, W. (2007). *Neue Studien zur Bildungstheorie und Didaktik: Zeitgemäße Allgemeinbildung und kritisch-konstruktive Didaktik* (6. Aufl.). *Beltz Bibliothek*. Beltz.

KMK. (2005). *Beschlüsse der Kultusministerkonferenz: Bildungsstandards im Fach Chemie für den Mittleren Schulabschluss. Beschluss vom 16.12.2004*. http://www.kmk.org/fileadmin/veroeffentlichungen_beschluesse/2004/2004_12_16-Bildungsstandards-Chemie.pdf.

Koch, S., Krell, M. & Krüger, D. (2015). Förderung von Modellkompetenz durch den Einsatz einer Blackbox. *Erkenntnisweg Biologiedidaktik*, 93–108.

König, E. & Zedler, P. (1998). *Theorien der Erziehungswissenschaft: Einführung in Grundlagen, Methoden und praktische Konsequenzen*. Dt. Studien-Verl.

Kuhn, T. S. (2017/1962). *Die Struktur wissenschaftlicher Revolutionen. Suhrkamp-Taschenbuch Wissenschaft: Bd. 25*. Suhrkamp.

Labudde, P. (1996). Genetisch – sokratisch – exemplarisches Lernen im Lichte der neueren Wissenschaftstheorie. *Beiträge zu Lehrerinnen- und Lehrerbildung, 14*(2), 170–174.

Lamarck, J.-B. de. (1809). *Philosophie zoologique, ou Exposition des considérations relatives à l'histoire naturelle des Animaux*. Dentu. https://books.google.fr/books?id=t7ELAQAAIAAJ&pg=PP7&dq=1809+Dentu+inauthor:%22Lamarck%22&hl=en&sa=X&ei=GrErT6C5Esnt8QOpwsD3Dg&ved=0CEAQ6AEwAw#v=onepage&q&f=false.

Latour, B. (1987). *Science in action: How to follow scientists and engineers through society*. Harvard University Press.

Latour, B. (2016). *Cogitamus* (1. Aufl.). *Edition Unseld: Bd. 38*. Suhrkamp.

Latour, B. (2018). *Das terrestrische Manifest. Edition Suhrkamp Sonderdruck*. Suhrkamp.

Lederman, N. G. (2007). Nature of Science: Past, Present and Future. In S. K. Abell & N. G. Lederman (Hg.), *Handbook of research on science education* (S. 831–879). Lawrence Erlbaum Associates.

Lederman, N. G., Abd-El-Khalick, F., Bell, R. L. & Schwartz, R. S. (2002). Views of Nature of Science Questionnaire: Toward Valid and Meaningful Assessment of Learners' Conceptions of Nature of Science. *Journal of Research in Science Teaching, 39*(6), 497–521.

Lederman, N. G., Abd-El-Khalick, F. & Lederman, J. S [Judith Sweeney]. (2020). Avoiding De-Natured Science: Integrating Nature of Science into Science Instruction. In W. F. McComas (Hg.), *Nature of Science in Science Instruction* (S. 295–326). Springer International Publishing. https://doi.org/10.1007/978-3-030-57239-6_17.

Lederman, N. G., Abd-El-Khalick, F. & Smith, M. U. (2019). Teaching Nature of Scientific Knowledge to Kindergarten Through University Students. *Science & Education*, *28*(3–5), 197–203. https://doi.org/10.1007/s11191-019-00057-x.

Lederman, N. G., Lederman, J. S. & Antink, A. (2013). Nature of Science and Scientific Inquiry as Contexts for the Learning of Science and Achievement of Scientific Literacy. *International Journal of Education in Mathematics, Science and Technology*, *3*(1), 138–147.

Leuders, T. (2013). Lehr – Kunst – Didaktik? Was leistet die Lehrkunstdidaktik und woran kann sie noch wachsen? *Der Mathematikunterricht*, *59*(6), 11–13.

Linsley, E. G. & Usinger, R. L. (1959). Linnaeus and the Development of the International Code of Zoological Nomenclature. *Systematic Zoology*, *8*(1), 39. https://doi.org/10.2307/2411606.

Marniok, K. & Reiners, C. S. (2016). Die Repräsentation der Natur der Naturwissenschaften in Schulbüchern. *CHEMKON*, *23*(2), 65–70. https://doi.org/10.1002/ckon.201610265.

Mayr, E. (1996). What Is a Species, and What Is Not? *Philosophy of Science*, *63*(2), 262–277. https://doi.org/10.1086/289912.

McComas, W. F. (Hg.). (2020a). *Nature of Science in Science Instruction*. Springer International Publishing. https://doi.org/10.1007/978-3-030-57239-6.

McComas, W. F. (2020b). Principal Elements of Nature of Science: Informing Science Teaching while Dispelling the Myths. In W. F. McComas (Hg.), *Nature of Science in Science Instruction* (S. 35–65). Springer International Publishing. https://doi.org/10.1007/978-3-030-57239-6_3.

McComas, W. F., Clough, M. P. & Nouri, N. (2020). Nature of Science and Classroom Practice: A Review of the Literature with Implications for Effective NOS Instruction. In W. F. McComas (Hg.), *Nature of Science in Science Instruction* (S. 67–111). Springer International Publishing. https://doi.org/10.1007/978-3-030-57239-6_4.

McComas, W. F. & Olson, J. K. (1998). The nature of science in international science education standards documents. In W. F. McComas (Hg.), *Nature of science in science education: rationales and strategies* (Bd. 5, S. 41–52). Kluwer Academic Publishers. https://doi.org/10.1007/0-306-47215-5_2.

McDonald, C. V. & Abd-El-Khalick, F. (Hg.). (2017). *Teaching and learning in science series. Representations of nature of science in school science textbooks: A global perspective*. Routledge Taylor & Francis Group.

Michalik, K. (2021). Wirksamer Sachunterricht ist bildungs-wirksamer Sachunterricht. In T. Billion-Kramer (Hg.), *Unterrichtsqualität: Perspektiven von Expertinnen und Experten: Bd. 16. Wirksamer Sachunterricht* (1. Aufl., S. 131–142). Schneider Hohengehren.

Nassehi, A. (2019). *Muster: Theorie der digitalen Gesellschaft*. C.H. Beck.

National Research Council. (1996). *National Science Education Standards.: National Committee for Science Education Standards and Assessment*. National Academy Press.

Neumann, I. & Kremer, K. (2013). Nature of Science und epistemologische Überzeugungen – Ähnlichkeiten und Unterschiede: Nature of Science and Epistemologicial

Beliefs – Similarities and Differences. *Zeitschrift für Didaktik der Naturwissenschaften, 19*, 209–232.

OECD. (2019). *OECD Future of Education and Skills 2030: Conceptual learning framework.* CORE FOUNDATIONS. http://www.oecd.org/education/2030-project/teaching-and-learning/learning/core-foundations/Core_Foundations_for_2030_concept_note.pdf.

Olson, J. K. (2018). The Inclusion of the Nature of Science in Nine Recent International Science Education Standards Documents. *Science & Education, 27*(7–8), 637–660. https://doi.org/10.1007/s11191-018-9993-8.

Osborne, J., Collins, S., Ratcliffe, M., Millar, R. & Duschl, R. (2003). What "ideas-about-science" should be taught in school science? A Delphi study of the expert community. *Journal of Research in Science Teaching, 40*(7), 692–720. https://doi.org/10.1002/tea.10105.

Otto, G. (1998). Über Lehre, Kunst und Lehrkunst. In H. C. Berg & G. Otto (Hg.), *Lehrkunstwerkstatt: Bd. 2. Berner Lehrstücke … im Didaktikdiskurs* (325–340). Luchterhand.

Piorkowski, C. D. (24. August 2020). Fakten in der Corona-Krise: „Wenn der Minimalkonsens fehlt, wird es für Demokratien gefährlich". Die Berliner Wissenschaftshistorikerin Lorraine Daston spricht im Interview über die Sehnsucht nach einfachen Wahrheiten und über Forschung, die mit einem scheinbaren Chaos aus allen möglichen Hypothesen anfängt – lange vor der Coronakrise. *Der Tagesspiegel.*

Popper, K. R. (2002/1934). *Logik der Forschung.* Mohr Siebeck.

Rothenberger, A. & Neumärker, K.-J. (2005). *Wissenschaftsgeschichte der ADHS: Kramer-Pollnow im Spiegel der Zeit.* Steinkopff.

Schurz, G. Erklären und Verstehen: Tradition, Transformation und Aktualität einer klassischen Kontroverse, 156–174. https://doi.org/10.1007/978-3-476-00627-1_10.

Schwartz, R. S. & Lederman, N. G. (2008). What Scientists Say: Scientists' views of nature of science and relation to science context. *International Journal of Science Education, 30*(6), 727–771. https://doi.org/10.1080/09500690701225801.

Schwartz, R. S., Lederman, N. G. & Abd-El-Khalick, F. (2012). A series of misrepresentations: A response to Allchin's whole approach to assessing nature of science understandings. *Science Education, 96*(4), 685–692. https://doi.org/10.1002/sce.21013.

Sterelny, K. & Griffiths, P. E. (1999). *Sex and death: An introduction to philosophy of biology. Science and its conceptual foundations.* Univ. of Chicago Press. http://www.loc.gov/catdir/description/uchi052/98047555.html.

Sykes, M. (1909). The central association of Science and Mathematics Teachers Algebra Report of 1907. *School Science and Mathematics, 9*(2), 114–120. https://doi.org/10.1111/j.1949-8594.1909.tb01382.x.

Thiel, S. (2003). Grundschulkinder zwischen Umgangserfahrung und Naturwissenschaft. In M. Wagenschein (Hg.), *Beltz-Taschenbuch Pädagogik: Bd. 95. Kinder auf dem Wege zur Physik: Mit Beiträgen von Agnes Banholzer, Siegfried Thiel, Wolfgang Faust. Vorwort von Andreas Flitner* (S. 90–180). Beltz.

Wagenschein, M. (1995/1980). *Naturphänomene sehen und verstehen. Genetische Lehrgänge.* (3. Aufl.). Klett.

Wagenschein, M. (1995/1962). *Die pädagogische Dimension der Physik* (1. Aufl.). *Grundthemen der pädagogischen Praxis*. Hahner Verl.-Ges.

Wagenschein, M. (1999). *Verstehen lehren: Genetisch – sokratisch – exemplarisch. Beltz-Taschenbuch: 22: Essay*. Beltz.

Welch, W. & Pella, M. (1967). The development of an instrument for inventorying knowledge of the processes of science. *Journal of Research in Science Teaching* (5), 64–68.

Wildhirt, S. (2007). *Lehrstückunterricht gestalten: Linnés Wiesenblumen – Aesops Fabeln – Faradays Kerze*. Exemplarische Studien zur lehrkunstdidaktischen Kompositionslehre. Philipps-Universität Marburg. https://archiv.ub.uni-marburg.de/diss/z2008/0159/pdf/dsw.pdf.

Wittgenstein, L. (2003). *Philosophische Untersuchungen. Bibliothek Suhrkamp: Bd. 1372*. Suhrkamp [PU].

Printed in the United States
by Baker & Taylor Publisher Services